开放建筑论的住宅设计与实践

[美] 斯蒂芬·肯德尔（Stephen H. Kendall）

[美] 乔纳森·泰彻（Jonathan Teicher） 著

刘东卫 译 周静敏 审译

Residential Open Building

中国建筑工业出版社

著作权合同登记图字：01-2021-2969号

图书在版编目（CIP）数据

开放建筑论的住宅设计与实践／（美）斯蒂芬·肯德尔（Stephen H. Kendall），（美）乔纳森·泰彻（Jonathan Teicher）著；刘东卫译；周静敏审译. —北京：中国建筑工业出版社，2021.8

书名原文：Residential Open Building

ISBN 978-7-112-26272-4

Ⅰ.①开… Ⅱ.①斯… ②乔… ③刘… ④周… Ⅲ.①住宅－建筑设计 Ⅳ.①TU241

中国版本图书馆CIP数据核字（2021）第126625号

责任编辑：张　建　董苏华　书籍设计：锋尚设计　责任校对：赵　菲

开放建筑论的住宅设计与实践（Residential Open Building）

［美］斯蒂芬·肯德尔（Stephen H. Kendall）　［美］乔纳森·泰彻（Jonathan Teicher）著

刘东卫　译　周静敏　审译

*

中国建筑工业出版社出版、发行（北京海淀三里河路9号）

各地新华书店、建筑书店经销

北京锋尚制版有限公司制版

北京中科印刷有限公司印刷

*

开本：880毫米×1230毫米　1/32　印张：10　字数：276千字

2021年8月第一版　2021年8月第一次印刷

定价：68.00元

ISBN 978-7-112-26272-4

（37879）

版权所有　翻印必究

如有印装质量问题，可寄本社图书出版中心退换

（邮政编码100037）

目录

中文版序/斯蒂芬·肯德尔

中文版译者序/刘东卫

什么是开放建筑论的住宅设计与实践?

致谢

第一部分　开放建筑论的住宅设计与实践入门

第1章　导论………2

　1.1　开放建筑论运动………2

　1.2　走向开放建筑论………3

　1.3　开放建筑论的实施方法………4

第2章　开放建筑的形成………8

　2.1　荷兰………8

　2.2　日本………16

第3章　开放建筑的发展历程………24

　3.1　从本土建筑到开放建筑………24

　3.2　从大规模集合住宅到开放建筑………25

　3.3　开放建筑概念的核心………27

　3.4　开放建筑的定义………36

　3.5　开放建筑的策略………43

　3.6　结论………51

注释·········53

参考文献·········53

第二部分　近年来已建成的开放建筑项目

第4章　案例研究·········60

致谢·········153

参考文献·········154

建成的开放建筑项目年表·········161

第三部分　方法与部品

第5章　技术概述·········168

5.1　网络化住宅建筑的变化·········168

5.2　开放建筑项目比较研究·········169

第6章　层级化的方法和系统·········176

6.1　肌理层级（城市范畴）·········176

6.2　支撑体层级（建筑范畴）·········176

6.3　填充体层级·········183

第7章　填充体系统、部品及实施组织·········188

7.1　各国的案例·········189

7.2　芬兰填充体系统的开发·········208

7.3 中国填充体系统的开发………208

致谢………210

参考文献………211

第四部分　经济及其他方面

第8章　开放建筑经济学………214

8.1 基本经济原理………214

8.2 筑波方式………217

8.3 购买－租赁的概念………219

第9章　开放建筑的相关趋势………224

9.1 组织范围的趋势………224

9.2 结论………228

致谢………230

参考文献………230

第五部分　概要与总结

第10章　各国的开放建筑活动………234

10.1 荷兰………234

10.2 日本………239

10.3 其他国家和地区………244

第11章　开放建筑的未来·········250

　　11.1　全球趋势·········250

　　11.2　构建未来·········254

　　11.3　结论·········256

附录

　　附录 A　各国已建成开放建筑项目·········261

　　附录 B　SAR 的肌理方法·········273

　　附录 C　国际建筑与建设研究创新理事会（CIB）·········277

术语解释·········283

索引·········289

中文版序

本书英文版自2000年问世以来，已过去了20年。在这20年中，虽然世事变迁，但本书讨论的当年住宅建设中所存在的许多问题，非但未有改善，甚至趋于严重。而且，"开放建筑"基本原则中直指问题要害的内容也未曾改变。因此，当下出版中文版仍具有现实意义。

在这20年里，大多数国家的住宅建筑标准在不断地改进，这使得20世纪末至21世纪初之间建造的住宅越发显得落后。这些质量不高的住宅不仅阻碍了经济的进步，也不利于社会和环境的可持续发展。由此可见，住宅建设仅仅满足于当时标准的做法并不可取，"边拆边建"会给社会和环境带来巨大隐患。因此，适应性强、具有可持续发展特性的"开放建筑"在居住建筑领域的战略发展中必然拥有一席之地。

而今，"开放建筑"不再是少数实干先锋和理论家的构想，它已成为建筑行业的主流思想和发展趋势。自2000年以来，数以百计的"开放建筑"项目如雨后春笋般呈现，形势喜人。

本书聚焦于"开放建筑"，针对开放建筑论的住宅设计与实践展开论述，并期待其成为该领域的入门书籍。

重新解读"开放建筑"

"开放建筑"一词的定义包含了一系列与环境建设相关、各不相同但彼此关联的构想：

- 主张明确划分建设环境决策层级的确切范围，即"支撑体"（或"建筑主体"）和"填充体"（或"装修体"）等内容指代的含义。城市设计和建筑学也代表了两个不同的决策层级。

- 主张住户或居住者以及专业人士在环境转变方面可以共同作出设计决策。

- 主张设计应由多方参与完成。这些参与者中有不同专业的人士（即没有任何一方可以单独作出全部决策）。

- 主张技术系统间采用标准接口，可以实现以一个系统替换另一个可发挥同样功能的系统，就像替换可由不同公司供应、安装在特定建筑主体中的不同内装系统那样。
- 主张建设环境是不停变化的，因此必须认可和回应这种改变。
- 主张建设环境是发展中的产物，它强调一种伴随环境逐步发生转变的设计过程（www.habraken.org）。

干预水平 + 分布式控制 + 变化

从根本上讲，"开放建筑"就是支持在环境营造过程中合理地分配控制权或责任。它明确指出建筑环境永远不会达到完全终止的状态，无论是现在还是将来，没有任何一方可以控制一切。这种现象与政治、经济理论及国家发展阶段无关。

（约翰·哈布瑞肯：《普通的结构》，

麻省理工学院出版社，1998）

"开放建筑"尽管经常被解读为某种技术，但本质上它并不局限于技术。它不完全等同于大开间、大进深的结构骨架。"开放建筑"提供的是一种建筑设计方法，它可以避免"自上而下"式决策全过程中产生的集中性问题，也可避免由于缺少明确的责任分配而产生的种种混乱。

在可持续环境建设方面，"开放建筑"采用了一种决策制定的层级框架。在遵从大自然多样性的前提下，层级保障了环境的一致性（有序性）——即不需要借助人工手法，通过社会中不同层级的主体的分层决策，达到高层级的秩序和低层级的秩序繁荣共存。在此，层级和分层决策表现为：一些被广泛接受的文化规范和持久性价值观的决策更适合在较高的层级，其他的决策则适合出现在较低的层级（如通过居住者、使用者或社会组织作出的决策）。从现实中，我们看到了严酷且非可持续的环境问题，也深知其需要解决的紧迫性。在这个意义上，"开放建筑"所体现的，与集中式、集约化和自上而下一贯控制相反的主张显得尤为及时和重要。

关于"Residential Open Building"的多样化同义词

我们发现，许多派别都在试图了解"Residential Open Building"（开放建筑论的住宅设计与实践），却常常不采用"开放建筑"这个术语。所采用的术语则有"支撑体与填充体"（keleton-Infill）（日本、中国内地和台湾地区）、"长寿住宅"（Long-Life Housing）（韩国）、"原始空间住宅"（Raw Space Housing）（芬兰）和"自由平面公寓"（Free Plan Apartments）（俄罗斯）等。由于对概念的理解和贯彻的不同，在世界范围内，许多新住宅经过专业人员设计后，在缺少住户决策的状态下不断地被建造出来，但这些项目有些并非是完全的"开放建筑"的产物。

对纯粹功能主义和技术羁绊的应对

"开放建筑"是对坚持纯粹功能主义长期以来遭受的压力、冲突和浪费的一种回应。功能主义的建筑设计往往耽于细节，代价巨大（而且似乎从未改变）。"开放建筑"则是拆解了建筑和技术的羁绊。长期以来，随着管线方面的新技术体系的日益发展，不同行业对这些新体系产生了需求，但同时也面临着解决技术问题的困难和高昂代价。这些压力正在促使各方重新思考和定位他们的既往模式、投资方式、财务方法、项目建设、监管和融资体系。

长期资产估值——与可持续性对接

此外，投资应考虑长期资产估值的观点再次兴起，甚至私营企业也如此认为。这引领了决策者投资建筑的一种追求：综合考虑居住标准、建筑技术、人口构成和个人喜好等因素，建设更具有耐久性和适应性的建筑，而不是草率的整体拆迁，以此实现"开放建筑"发展与可持续建设的协调同步。

这些在思想观念、优先权和实践方面的变革正逐步上升到法律范畴。最为典型的就是日本立法委在2008年通过了建设200年住宅的新法规。因而，日本地方建筑官员开始在新法框架下评估项目，获批的建筑可得到减税额度。在此形势下，成千上万的住宅单元被建造成极具耐久性的建筑。

在其他国家，正在实现优先权的逐级分配：芬兰的房地产公司陆续建设被当地政府青睐的"原始空间"项目；在荷兰，产品制造商、开发商、建设方等众多的公司都以不同方式投入到"开放建筑"的建设中；瑞士的情况与此类似；在俄罗斯的不少城市，开发商因为可以从"自由平面公寓"中获利颇丰而干劲十足；在美国的一些城市，住宅开发商建造了适合于居住者进行个性家装的"筒仓"（Bulk）住宅。同时，独立式住宅的主要厂商已经出于节能需要开始应用"开放建筑"原则。在全世界范围内，一些老旧办公楼和工业建筑由于其经济价值及深受公众喜爱等原因得到保留，它们被改造成居住建筑和医疗康复中心等。

这些项目建筑规模大、功能复杂，提供了居住、办公、商务、医疗保健和其他用途的空间需求，已经具有了大型私有（或公共）基础设施的系统属性。这些新的开发承载了技术、经济、政治和文化的因素，其内容远远超出了主流建筑学的范畴。

"开放建筑"的未来开发

1. 建筑主体设计

可持续建筑的基础设计——支撑体或建筑主体——本质上会涉及以下几方面内容：

- 简单的建筑主体设计，由不同的供应商做大空间装修；
- 重新解读室内公共空间的设计问题；
- 重新解读建筑立面的设计问题，思考哪个立面部位需要参照居住者或用户的倡议来翻新或改变；

- 提供关于基础服务设施（机械、电气、管线）布线和安装的新方法，使这些系统中的一些部件满足多样性和个性化（可变性）的需求，同时与同一系统下的使用寿命更长的部件有效衔接，为所有居住者提供便利。

2. 容量vs灵活性

我们正在慢慢摆脱沿袭于现代主义的功能主义的羁绊。现代主义只教会了我们不适宜、被滥用的术语——"灵活性"和"形式追随功能"。我们逐渐体会到在本书以外也会讲到的"开放建筑"的基本构思，即包括容量（容积性）在内的新的建筑标准。就像在各种基础建设的设计中遇到的，容量是和独立性的体系结构相关的。在这种体系结构里，由较高层级决定较低层级的可变程度，较低层级会在不影响较高层级的情况下进行改变。比如在不改变居室墙壁的情况下可以自由移动家具，抑或是在稳定的街道和邻里空间网格中可以改变建筑物。

3. "开放建筑"的经济问题

理论上建筑主体的耗资不会增加。当然，这取决于进行财务及成本分析的人，以及投资回款的时间长短。缺少健全的财务控制，将很难在世界范围内推行"开放建筑"项目。

在推进建筑设计与结构的可持续、建筑主体节能等方面还有很多工作要做。有些开发工作经常是在没有社会及经济压力的情况下，由政府提出和要求的。

关于填充体产业

1. 支持入住者

以人为本的居住环境中，家庭是社会和决策的广义基本单位。但是大规模住房建设（无论是由私人或公共部门建造的）并没有认识到这一点，反而以寻求高效为目的把家庭从决策的角色中排除。我们已经认识到这种行为目光短浅，它由于忽略个人或家庭使得建筑环境丧失了健康和活力。因此，我们要加强理解和寻找可行的手段，让个人及家庭或其他入住者可以监控、投资、推进入住并把握相关事项的进行。

2. 认证内装（Infill）产业时代

明确的、经认证的填充体产业，对精良的基建施工与设计产业是必要的补充。虽然还没有任何一家集成充分的装修公司能够面面俱到、高效地管理变化莫测的需求和项目。但是，仍然有一些成功的先例有迹可循。荷兰的马特拉填充体系（1985—1995年）供了可实施细化分析的重要技术和商业模型。这款填充体组件虽然不是完全的集成系统，但因产品工艺精良仍受到市场欢迎。在日本，ECOCUBE装修体系占领了东京地区新建和改建市场的大部分份额。此外，房地产公司还努力挖掘经济价值，在好地段收购老旧集合住宅项目，进行快速的"一次一户"的升级改造。在芬兰，开发商大多会发展完全集成性的工作和装修交付程序，这需要专业化的软件和与客户对接的互联网支持等。但总的来说，成熟的、被承认和授权的装修产业方兴未艾，也许在不久的将来，这样的产业会在中国横空出世。

最后，非常感谢中国建筑标准设计研究院有限公司在中文版出版过程中给予的大力支持。尤其感谢该公司的总建筑师刘东卫先生，他对于中国住宅在可持续发展建设中的方向问题具有充分的发言权。期待他们面向未来的开拓性工作取得圆满成果，也期待循迹而来的有志者们可以共同推动"开放建筑"的研究与发展。

斯蒂芬·肯德尔，MIT博士
［Prof. Stephen Kendall，Dr.（MIT' 90）］
美国鲍尔州立大学教授
（Ball State University，Muncie，Indiana，USA）
2020年12月

中文版译者序

　　自20世纪60年代以来，全世界范围内关于现代建筑理论的探索此起彼伏，涌现出形形色色的运动、思潮与流派。其间，原美国麻省理工学院建筑系主任哈布瑞肯教授于60年代在荷兰提出的支撑体学说及其方法论脱颖而出，在建筑界引起了巨大反响，在国际上被广泛传播、深入实践。历经六十余载发展演进，开放建筑论始终立足于时代的最前沿。它绝非等同于某一种现代建筑先锋流派的理论学说，而是逐渐成为建筑领域跨时代的主流思想和发展趋势，并且构建了一种环境、社会、生活开放互动的时空营造关系，使其得以将环境哲学观、建筑系统观、设计方法学融为一体，其影响之深远、实践之广泛、代际演替之活跃、理论体系之博大、内涵外延之精深，令人叹为观止。

　　20世纪80年代初期，伴随着中国城市化建设，为解决住房严重短缺而推行的住房商品化改革，开启了开放建筑论研究与实践的时代。聚焦改革开放初期大量住宅中存在的标准化与多样化问题，清华大学张守仪教授在《建筑学报》杂志上首次将支撑体理论和方法介绍到我国，令人耳目一新。美国麻省理工学院访问学者、南京工学院（现东南大学）鲍家声教授系统地研究了SAR住宅理论和设计方法，出版了专著《支撑体住宅》，并对住宅的标准化、多样化及其灵活适应性进行了实践上的探索，特别是无锡惠峰新村支撑体实验住宅（1987年）的建成，在国内外引起了强烈反响。其后，中国建筑学会张钦楠副理事长和中国建筑标准设计研究所（现中国建筑标准设计研究院有限公司）马韵玉总建筑师承担了建设部"八五"重点课题《适应性住宅通用填充体》的研究，并在北京翠微小区建设了填充体系统的适应性住宅实验项目（1994年），其开放建筑论在中国的开拓性实践获得了国际上的高度评价。

　　20世纪80年代末期，我研究生毕业后分配在建设部所属的中国建筑技术发展研究中心（现中国建筑设计研究院有限公司）工作，曾与参加住建部国际合作的中日第一期JICA项目（中国小康住宅研究）的日本专家就开放建筑在日本的发展进行了交流，系统地了解到日本有关SI建筑研发与产业化技术的实施情况。20世纪90年代，我作为访问学者赴日留学，在恩师原九州大学青木正夫教授的指导下，针对日本住居领域中SI建筑体系的演变进行了学习研究，深刻领悟了建筑产业化高度发达的日本所采用的建设模式，即站在未来的角度，推动可持续性建设战略的发展，推动SI住宅为社会和个人提供优良资产。回国后，我有幸在中日JICA第二期项目（中国住宅新技术研究）中，与日本都市机构长期专家泷川光是先生、加藤多加年先生和德留弘先生等共同工作。他们在开放建筑研究与实践领域具有丰富的经验，在项目合作期间更是将SI相关技术毫无保留地予以分享。得益于中日JICA项目的资助，1998年我又赴日本进行为期三个月的学习考察，其间，日本开放建筑的发展演变，开放性建筑系统、室内填充子系统的商业化部品，以及SI住宅体系下的Next21实验集合住宅等代表性项目，均给我留下了深刻的印象。在近三十年的中日建筑和住宅建设研究工作中，我在开放建筑领域与藤本昌也、松村秀一、南一诚、小林秀树、川崎直宏等著名学者持续进行学术交流，与日本都市机构、日本住宅中心、日本建筑中心、日本建设省建筑研究所、市浦设计事务所，以及松下、骊住与福美等全产业链企业专家，也多次交流与合作。从2005年的中日合作开放建筑项目——北京雅世合金公寓项目、北京众美公租房项目、北京首开寸草养老设施既有建筑改造项目，到中国百年住宅系列项目实践，以及《SI住宅与住房建设模式》《百年住宅：面向未来的中国住宅绿色可持续建设研究与实践》等研究成果，都离不开日本专家学者和企事业同仁们的无私支援和帮助。近三十年间，中日两国在国际视野下积累的可持续建筑等一系列开拓性研究成果，对中国住宅建设发展产生了深远影响和重要作用。

2010年之后，随着中日合作的北京雅世合金公寓研发与实践的进一步开展，我有幸在担任国际建筑与建设研究创新理事会（CIB）开放建筑工作组联合协调人、香港大学贾倍思教授的引荐下，与以开放建筑创始人哈布瑞肯先生为中心的国际开放建筑组织中的历史性人物——来自欧洲的迪特玛·艾伯勒教授和来自美国的斯蒂芬·肯德尔教授等，进行了广泛交流。2015年我前往苏黎世参加世界开放建筑大会，其间，与哈布瑞肯先生会面、聆听教诲，并在迪特玛·艾伯勒、斯蒂芬·肯德尔两位教授的关照下，考察了一系列荷兰、瑞士、美国等欧美国家的开放建筑设计实践项目，加深了对其开放建筑领域的了解。近三十年开放建筑论的学习、研究与思考历程，使我除了从思考建筑本身的基本问题出发之外，更会以面向未来的视野去思考中国社会、经济、文化与建设发展的相关问题，特别是环境、城市、建筑的可持续建设课题，进而深刻理解广义开放建筑论的建筑设计与研究实践在我国不同社会时期所肩负的使命。

开放建筑论在中国不同时期所肩负的历史责任、代表的时代主题和蕴含的发展意义都是不同的。改革开放四十多年以来，中国不仅面临着环境、资源与建设的挑战，也直面着建筑产业现代化发展、新型工业化建造方式和建设品质，以及居住质量提升等重大战略课题的转型。开放建筑学的理论与方法对于应对上述课题的挑战、绿色低碳可持续性社会的构建，以及国家、社会、行业的发展都具有重大的意义与价值。自2000年以来，围绕借鉴国际建筑产业化发展经验的开放建筑研究与设计实践进入了新阶段，基于开放建筑理论的日本SI体系的研究、实践进入了中国建筑界的视野，建筑支撑体和填充体的理念、方法与体系，以及工业化技术得到了广泛传播和实践。在当代世界范围可持续发展与建设的共同主题下，中国同样面临严峻的资源环境问题；同时，还存在突出的既有建筑存量问题，如建筑使用寿命过短、生产建造方式粗放、产品供给质量低下等课题亟待解决。这是涉及理念转变、模式转型和路径创新的全局性、系统性的变革过程。开放建筑是中国未来建设转型升级的关键所在，期待其与未来中国可持续发展的社会目标和高质量的环境、城市、居住等广义建设范畴相结合，不断探索新时代建筑学科的未来。

《Residential Open Building》被视为开放建筑论的必读经典，作者以反思和开放的态度驾驭自己渊博学识与深刻洞见，在世界范围内融汇东西方开放建筑领域研究与实践的优秀成果，写就这部难能可贵、最具代表性和前沿性的学术著作。自2000年本书的原版——英文版出版以来不断再版，并出版了多种语言版本。本书系统地介绍了开放建筑论相关研究的起源、发展与特征，总结了20世纪60年代以来世界范围开放建筑的设计与营造；基于开放建筑论的城市设计、建筑设计、建筑施工和建筑部品的发展演变，以及面向高质量可持续环境建设的最新动态和前沿趋势，全面地归纳了当代广义开放建筑论的相关思潮与流派、设计对策与解决手法，以及建造技术等；多角度、多层面地精选了世界范围具有代表性的建筑师及其作品，为广大建筑师、工程师、建筑专业学生以及建设开发、设计、施工和管理的全产业链同仁们，提供了一个全面深入认识开放建筑学的理论方法以及可持续建筑和当代集成建造技术实践的全景视野和多维参照。期待着中文版能为我国的业界同仁们以及建筑学科研究与可持续建筑领域的创新实践者们提供重要的借鉴与启发，也衷心希望在我国开放建筑探索发展的未来之路上大家共同携手前行。

鉴于书中涉及许多研究领域，出现了大量生僻的专业术语，中文版的翻译工作面临很多困难，译文中难免会有疏漏，敬请各位同仁指正。

值此中文版出版之际，首先向本书的原作者斯蒂芬·肯德尔教授表示最诚挚的感谢！中文版的出版面市将开放建筑卓越的前沿理论与宝贵成果分享给中国的同时，也对世界范围开放建筑论的传播与研究做出了巨大贡献。

非常感谢国际建筑与建设研究创新理事会（CIB）开放建筑工作组联合协调人、香港大学贾倍思教授！他在百忙之中承担了本书的学术指导和大量的国际联络与沟通工作。

特别向同济大学周静敏教授致以崇高的敬意！她的国际视野、学术水准及其专业细致的审译工作为本书的顺利出版提供了鼎力支持。

衷心感谢中国建筑出版传媒有限公司（中国建筑工业出版社）张建、董苏华两位编辑在中文版翻译、编辑、出版过程中付出的巨大努力。感谢王伯扬、李根华两位编审对中文版细致的审核、加工，中文版的顺利出版离不开他们的辛勤付出。

最后，借此机会也向为此付出5年努力的中国建筑标准设计研究院有限公司刘东卫工作室的伍止超、秦姗和王姗姗等同事表示由衷的感谢。

刘东卫

2021年夏于北京

什么是开放建筑论的住宅设计与实践?

以开放建筑（Open Building，OB）方法建造非居住建筑的做法早已遍布北美，并逐渐普及到全世界。大大小小的开发商，以及项目的设计师、施工方、相关监管机构、出租方、业主、租户、部品制造商等都参与着建造流程的重构。他们的日常工作仍旧按部就班，遵循着过去数十年延续下来的原则和方式，直接应对着环境形态中非常规且又日新月异的发展变化。

不论对于风格、种类还是建造方式，如今商业化的建筑主体（base buildings）都基于用户定制，已不再沿用旧时预先设定室内方案的做法。出租时，每个租户可依据个人对空间的需求自行添加室内分隔墙，以及安装其他为其"量身定做"的内部空间、设备和系统等。设计师对老旧商业建筑重新赋予价值的通常做法是先去除原有建筑的表皮，然后改造立面和内部系统，使之焕然一新。即便是针对既定客户群的办公大楼也是尽可能考虑其通用性，通过提升满足其包括租户更替及将来出售等不同需求变化的适应能力，来提高建筑的长期适用价值。

商业建筑领域中建筑技术的变化，现在也逐渐体现在居住建筑中。在欧洲、亚洲和北美地区，开放建筑论的住宅设计与实践的原则，诸如开放建筑（OB）、支撑体/填充体（S/I，Support/Infill）、支撑体住宅（Skeleton Housing）、支撑体与可分单元（Supports and Detachables）、成长性住宅（Houses that Grow）等已在锐意进取、不分伯仲地直指住宅建筑设计及施工建造的重构。在许多情况下，开放建筑论的住宅设计与实践基于全世界范围内可持续历史环境既有原则，通过利用包括最先进的工业产品、尖端的信息科技、更优的物流、变化的社会价值观和市场结构等方面的发展益处来重新诠释并更新环境。

开放建筑论的住宅设计与实践采用了一种新型跨多领域研究的方式，应用于设计、融资、施工、装修以及住宅的长期管理等过程中。以创造多样、精致和可持续的环境为目标，在其中增加个体的选择多样性并细化职责权属。在开放建筑中，决定权的具体责任详细分配在各个不同层级中。新的产品界面、许可和检查流程在子系统中实现了简化建造流程、减少矛盾冲突、增加个人选择、提高整体环境一致性等优势。因此，住宅领域的开放建筑以明确的社会立场，通过整合一整套技术性手段来应对环境产生的影响。

开放建筑论的住宅设计与实践活动在全世界范围内快速地推进。随着由居住者自行决定的填充体系统的出现和推广，政府、住房融资相关机构和部品制造商都加入了开发商和可持续发展倡导者及学者的行列，共同发展和推进新的开放建筑学。从改进决定权和选择权的举措，到兼具包容性和可持续性的建筑各系统间的标准化界面，越来越多的事实彰显了"新建筑浪潮"（Proveniers and Fassbinder，n.d.）带来的广泛共享的益处在世界范围内日益凸显。

致谢

> 语言中的用词有一半是他人的，使用过后，措辞才归发言人所有……在那之前，用词并不存在于一个中立客观的语境之中（毕竟发言人不是从字典里挑词），而是存在于他人口中、他人文章中、他人论点的支撑论据中……
>
> ——巴赫金（M. M. Bakhtin），《对话理论》
> （*The Dialogic Imagination*）

开放建筑论的住宅设计与实践的出现促进了居住环境的不断进步。不胜枚举的个人或者团体，为住宅领域开放建筑在全球范围内的落地生根作出了贡献，他们通过建立项目、融资，并进行研究、发表文章、参与教学以及结成联盟组织等方式来促进开放建筑的实施。本书由致力于实现开放建筑的国际性组织推动，是第一部介绍世界范围内开放建筑发展的文献著作。本书也在不断传播以人为本的开放建筑实践及其建造过程的重构。

从许多国家的建筑和相关建筑业联盟来看，开放建筑尚未完全发展成熟，但其已经或多或少地成为研究和实践的主流，无论是在项目的开发、设计和企划方面，还是部品的生产、施工、系统安装流程和房地产资产的管理中。就像"开放建筑"这个词的字面意思一样，这个运动的先驱者们、设计实践以及原则有些还尚未被挖掘出来。遗憾的是，本书只介绍了其中一部分的开拓者，只提到了一些已建成的项目，尽管开放建筑由理论到实践尚未完全实现，但其相关研究仍在不断推进，尤其是关于城市层级的研究。

本书基于对开放建筑的历史、原则以及全世界开放建筑技术的调查，由国际建筑与建设研究创新理事会（CIB）的"TG 26任务组的开放建筑实践"（Task Group 26 Open Building Implementation）的成果直接集结而成。这个成果如果没有CIB秘书处、CIB TG 26任务组成员以及众多支持者的大力协助是无法取得的。本书的两名作者也在这里对理事会总秘书长维姆·贝肯斯（Wim Bakens）的帮助表示由衷的感谢，感谢贝肯斯先生长期以来对开放建筑实践的热心支持。除去本书作者所述内容观点及相关责任归属，其他CIB任务组的众多成员们也为这些调查信息的收集作出了重要的贡献，在此，作者对这些同仁一并表示感谢。尤其要感谢芬兰的乌尔普·蒂里（Ulpu Tiuri），荷兰的伊佩·库佩鲁斯（Ype Cuperus）和卡雷尔·德克尔（Karel Dekker），以及日本的深尾精一（Seiichi Fukao）、近角真一（Shinichi Chikazumi）、小林秀树（Hideki Kobayashi）、高田光雄（Mitsuo Takada）、小畑晴治（Seiji Kobata）、镰田一夫（Kazuo Kamata）等同仁在本书写作过程中提供的关键信息和资料。同时也感谢书籍设计师Ori Kometani、编辑助手Jennifer Wrobleski，我们的家人和出版商及Janet R. White（FAIA），如果没有他们的支持，本书是无法出版的。我们很荣幸与全世界范围内受到过日本内田祥哉（Yositika Utida）、巽和夫（Kazuo Tatsumi）以及荷兰阿琪·范·兰登（Age Van Randen）等先锋建筑师教育的开放建筑倡导者共事。他们三个人和许多其他先锋们一样，都是开放建筑发展过程中的领导者。

数十年里，在所有对开放建筑作出贡献的人中，可能没有人能够像约翰·哈布瑞肯（N. John Habraken）一样对世界产生如此深远的影响。他先后出版了《支撑体——批量式集合住宅的另一种选择》（*Supports*：*An Alternative to Mass Housing*，1961）；《变化形式：支撑体的系统设计》（*Variations*：*The Systematic Design of Supports*，1976）；《普遍适应性结构》（*The Structure of the Ordinary*，1998）等书籍。他是建筑研究基金会（SAR）和艾恩德霍芬（Eindhoven）理工大学（荷兰）建筑学院的创始责任人；是MIT建筑学院前院长、填充体系统机构（Infill Systems BV）创立时的首席执行官、马特拉（Matura）填充体系统的共同研发人，还是全球范围内开放建筑倡导者的导师和朋友。

毋庸置疑，本书不仅是一部表现约翰·哈布瑞肯为开放建筑研究作出巨大贡献的作品，也更是一部向其致敬的作品。

第一部分

开放建筑论的住宅
设计与实践入门

第 *1* 章 | 导论

1.1 开放建筑论运动

　　随着时代与社会的发展，开放建筑论理念下的住宅设计与实践星火燎原般地发展起来，并广泛深入诸如环境结构、生产与施工方式、服务与产品市场、生产技术以及适宜的住房需求等多个领域。比较特别的是，开放建筑论与许多新产品或新方法的诞生方式不尽相同，它并非凭空而至或是在统一的潮流下发展形成，也没有被跨国公司、政府、协会积极地市场化或者推广宣传。它是在应对社会的不断变化、政策和市场压力、施工与生产的现状及发展趋势等过程中得到普及，同时在实现更高效、更有针对性建设的众多因素辅助下逐步得以完善建立起来的。

　　开放建筑论的住宅建设回应了许多在非住宅类建筑中呈现的、具有同样历史性转变意义的环境与社会变化问题。已建成的开放建筑项目是在个人、企业、协会、行业和官方机构的长期研究、开发以及实践的基础上形成的成果，更值得关注的是，这些实践和研究活动是直接关联着消费者的选择与使用者的权利、建筑生产的合理化、环境永续性及建筑可持续性等问题。

　　以开放建筑论指导住宅建设的这一主张，历经了数十年才逐渐被不同行业和地区所认知，并在不断更新和发展中，形成当前的一种国际化思潮。从工业化部品构件生产方到房地产开发商和施工方，从租户权益维护者到建筑师，从可持续倡导者到政府监管部门，不同的团体和个人都逐渐意识到他们面对着相似的问题，秉承着相似的建造理念（尽管出发点并不总是相同），在面对类似的状况时，他们的应对方式虽然不完全一致，但却是极为相似或能形成互补。最重要的是，他们认识到建筑的建造和维护离不开多方、多层面的共同努力。换言之，为了创造住户满意的建筑，就要探寻部品与部品的连接方法、构筑决策者之间的交互平台。要提高效率、增强可持续性和空间改变的能力，要尽可能地延长住宅建筑的使用寿命。

1.2 走向开放建筑论

在各行各业基于开放建筑论进行实践的过程中，填充体（内装体）层级理论是一种最为广泛的环境可持续趋势，其具有可更替性与用户参与性的特点。填充体指的是建筑物中相对易变的部分，在不对支撑体或者建筑主体（指结构承重体及共用设备等）造成影响的前提下，业主或租户有怎么做及未来如何更换的决定权。填充体的层级在家具及建筑主体之间，相对于家具或饰面层而言，填充体更加稳固耐用，但其耐久性仍不及建筑主体。

同样值得注意的是，建筑项目在规模、监管流程、系统协调、生产和管理流程等方面变得越来越复杂。回溯历史（约75年前），住宅的开发、决策、建设和监管的模式都是相对恒定的，现在却发生着飞速的变化，这导致的结果之一便是：当前的建设流程中往往省去了用户直接或间接参与决策的步骤。

与之形成鲜明对比的是，在商业办公楼中，选择和维护主要建筑构件、设备子系统的权利及责任转移到了租户身上。目前，资本投资正稳步转向作为用户私有财产的内装和家具，而不再是限制性因素烦冗和配置共用商业设备的建筑主体层级（Ventre，1982）。为了应对这种投资模式的变化，建筑采购和服务分包体系也在快速演变、分化和转型。

许多其他的环境发展趋势也与开放建筑论影响下的住宅建设理念相一致。在技术层面，越来越多高附加值的子系统正在被更为频繁地引入建筑之中。复杂多样的设备供给系统也不断延伸至户内空间的每一个角落。正如早期的煤气灯管线或屋顶天线一样，伴随着工业生产技术供应系统以及产品的日益激增，施工现场安装的管线相互纠结干扰，多年之后又因过时而被废弃。

从资金经济方面来看，针对既有建筑存量更新和维护方面的投资比例迅速增长。如今，在很多发达国家，改造项目比例已经占整个建设行业市场份额的一半以上。然而，面对填充体系统、使用功能以及用户偏好的变化，这些存量建筑的适应能力已经大大降低。当今，新建建筑的平均寿命已经从100年锐减至20～30年。开发商以及承包商也敏锐地意识到了未来另一个长期的全球化趋势，即建设资金正从现场的施工建造流向利用方便的预制（待用）及考虑储存与更换的工厂化生产的（库存或交易）子系统。

6 ## 1.3　开放建筑论的实施方法

开放建筑论在传统的、固有的环境决策论基础上，组织了一个构成形式。同时它也基于新的理念、实践以及最新应用研究，系统性地提供了新的设计方法。开放建筑论指导下的建筑实践项目将以往那种依照技术、美学、金融及社会的决策方法打散，按照层级进行了构架重建。城市层级的决策强调了范围更广的公共设计领域，包括城市形态与空间、道路的配置、停车与公共设施网络、建筑退线与"城市家具"的设置等。它还进一步强调了调整建筑外立面的特征、公共建筑物的区位、更加可持续性的城市空间与有秩序的活动（土地利用）。

在这样的城市结构下，关于支撑体（主体）层级的独立决策涉及了所有住户共用的建筑部分，这些部分通常可以使用100年或更长的

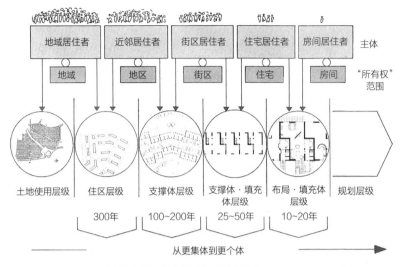

图1.1 开放建筑论中的决策层级（图片提供：Age Van Randen）

时间。以集合住宅为例，其建筑主体由承重结构、建筑中共用的机电 7
系统、交通搬运系统、公共空间，以及全部或部分外墙等构成。当住
户个人进行改造时，不应对支撑体系统造成影响（本该如此）。

对于填充体（内装体）层级，其系统及部品可以按照10～20年的
使用周期进行更换。这种变化往往伴随着居住者需求或偏好的改变、
周期性技术升级的需要，以及建筑主体的变更而时有发生。填充体通
常包含了用于住宅单元的所有部品，如：分隔墙；厨卫中的设备及收
纳；供暖、通风及空调系统；电力、通信和安防设备的插座接口，以
及每户单独的管道、电线与设备系统。在开放建筑论指导的独立式住
宅中，可变的内装体是被从更耐久的结构体和外墙中区别开来的。

在开放建筑理念下，填充体部分可以由住户个人按照顺序独立地
进行安装或升级。为了实现这一点，建筑主体必须与耐久性相对较差
的填充体尽可能保持分离。而为了确保填充体的独立性，建筑不能以
一个单纯整合技术产品与决策的"捆绑"方式来建造。开放建筑论的

分离本质赋予了支撑体更多的可能性、更高的价值和耐久性。也可以说，支撑体结构的宝贵价值是为其之下层级在变化上提供了保障。而填充体系统及其部品在其所处建筑物的全生命周期内，难以避免进行多次更换。因此，独立的填充体在自主设计、施工建造、后续改建和最终更换等方面具有最佳的自由度。与之相应，由于体系的分离，所有住户共享的公共系统和长期耐久的部分，如基础、结构、共用设备管线、公共走廊和楼梯就能相对稳定且不受干扰。

8　　　以此类推，开放建筑论主张建筑部品与其连接配件相分离。也就是尽可能地减少子系统和控制子系统部分之间的干扰及冲突，使得每个部品的替代或更换在设计、施工和长期管理的过程中能够得以实行。这些原则适用于各个环境层级，也同样适用于住宅或非居住建筑。不论是在居住建筑还是商业建筑中，连接件、接口的分离性和标准化，都将拓宽消费者在平面布局、设备配置和装饰装修方面的选择。住宅内装系统的运用已经引起了住宅施工建设方式的变革与重构，至此，一种新的消费市场正在兴起。

　　以开放建筑论指导的当前最先进的实践项目为例，住户可以根据他们对于功能、美观、预算等方面的偏好，与内装设计师共同设计自己的住宅户内单元。这些即将入住的住户们先是决定在哪里设置墙体、厨房和卫浴，然后他们选择橱柜、家电、设备和装饰面层。几周后，他们便可以搬入符合规范标准的、定制的住宅中。这种模式，由于只需通过对消费级别的设施设备及其插头、接口进行规定的产品认证，而不需要一个个的施工安装许可，从而简化了地方审查流程。正因如此，住户以后可以自由地改变电路、数据和通信的接口位置。这样完全定制化的住宅户内单元，采用了最先进的内装技术、信息系统和物流组织，而相对于传统住宅户内单元的建设方式，成本也并没有增加。

　　诸如此类的原则和实践，正逐步改变着传统的城市设计、建筑设计和施工建造中的实践模式，它们同样重塑着建筑子系统和部品的设计、生产和安装流程。受到开放建筑论的影响，在设计与施工行业中，新的工艺与组织形式正在形成，新技术和新材料随之产生，与其匹配。同时，建筑标准、规范、资金流动和管理模式也在不断调整，使其与开放建筑论指导下的实践模式相适应。

第2章 开放建筑的形成

2.1 荷兰

2.1.1 约翰·哈布瑞肯和《支撑体》

1961年，荷兰年轻建筑师约翰·哈布瑞肯出版了《支撑体和人：批量式集合住宅的终结》（*De Dragers en de Mensen*：*het einde van de massawoningbouw*）一书，后来被翻译为英文版时，取名为《支撑体——批量式集合住宅的另一种选择》（*Supports*：*An Alternative to Mass Housing*）。在此书中，哈布瑞肯教授指出：批量式集合住宅（mass housing，MH）已经开始瓦解人类及其建成环境之间由来已久的"自然关系"。暂且不论人们对批量式集合住宅的粗犷形态褒贬不一，除了建筑风格样式，它还产生了更大的副作用。比如它在住宅建造变革过程中破坏了健康环境的动态平衡。迄今为止，住宅建造环境经历了上千年缓慢的主旋律或变奏曲式的演化，也正是在这潜移默化的过程中构筑、维持并丰富了建设环境，而今，这些过程都被迫终止了。

在传统居住模式中，每个家庭都必须直接掌控住宅相关的建设方向。比如，在阿姆斯特丹运河旁的居住街区中，有一种常见的居住空间类型（实际上也是高度一致的集约型城市空间结构），每位住户都可以独立地管理并改造自己的住所。因此，在一个已达成广泛共识的环境建设模式前提下，街区内所有的门廊、外立面、窗户和户型平面都不尽相同，形成了诸多不同的变型。然而，批量式集合住宅则完全

将住户从住房建造的过程中排除，也彻底地剥夺了各个住户在建造过   10
程中的责任和参与性。在第二次世界大战后新的建筑建造秩序中，所
有建设都经过所谓专业的决定、专业的设计、专业的管理和维护，能
够集中体现人们的与众不同和独立性的建设环境在逐渐消亡。哈布瑞
肯教授认为不能仅仅将住宅解读为产品或工业品，从根本上说，住宅
体现了一种人类活动的过程。而住宅建造最重要的不是审美，更不是
产业，而是由社会成员对集团活动制度上的调整统一。

哈布瑞肯教授相信在建成环境中，恢复自然关系和过程是可以实
现的。面对新的快速变化的环境条件，恢复居住区域的健全的环境构
成需要某种形式的支持。相比于直接提供住宅单元而言，住户更需要
能够代表个人利益的自主性居住决策（Habraken，1999）。此外，这些
居民还需要一种多户型住宅。在那里，能够通过类似"接入"的方式
连接各种设备供应系统，住户尽管处于一个稳定的空间结构中，但仍
能自由地改造自己的家，同时，他们也不会受到邻居在住房翻修和拆
除等带来的影响。

哈布瑞肯提议创建一种物理的、技术的及组织上的三维支撑体系   11
统。这种"支撑体"将会给居民提供可以共用的设备系统，并能适应
各类住宅单元平面。在这种三维空间结构中，居住单元与建筑主体剥
离，采用独立安装，但结构支撑上仍由建筑主体承担。

居住行为产生在两个空间领域，住宅则起到连接作
用：住宅既是家庭环境的一部分，也是一个社区环境
的一部分。
住宅空间分为室内和室外：住宅既是一系列公共服务
的终点；也是个人活动的起点

图2.1 两个居住空间领域［图片来源：《住房
的3R》（*Three R's for Housing*），N.J. Habraken］

哈布瑞肯教授的研究和同时期的一些主张，如日本的新陈代谢派、法国建筑师尤纳·弗莱德曼（Yona Friedman）、美国Operation Breakthrough计划"城镇土地项目"（Townland Project）的SITE小组以及其他众多的相关提议截然不同。实际上，荷兰另一个建筑师扬·特拉普曼（J. Trapman）此前曾提出类似的构想，他认为可以建造"玻璃建筑"（kristalbouwen）或者在长方形地块内建造高层建筑，并且均采用固定、可拆卸的支撑结构和灵活性平面（Trapman, 1957）。然而，哈布瑞肯教授对重塑住宅类型的研究并没有兴趣，他提出要在充分认识与协调当地文化（包括传统建筑特征在内）的基础上建造支撑体体系。尽管技术问题不会主导其观点，但哈布瑞肯教授依旧明确主张要适当地采用当地技术。此外，他试图与当代专业实践建立直接联系，实现项目实践与理论认知的相互补充和转换，在他的愿景中，形式论和方法论应两者兼具。

哈布瑞肯教授进一步提出，需明确区分公共支撑体和个人可分单元（后者必须具备在支撑体构造范围内自由灵活的技术系统和住宅部品）之间的责任和决策权范围。他相信批量式集合住宅中所缺失的有机、精细化及可持续的居住环境品质将有望随着时间的流逝而再生。

哈布瑞肯教授认为，批量式集合住宅并没有为住宅工业化提供任何适合的发展机制。他指出，住宅支撑体和可分单元的工厂化、产品化将最终发挥出工业化制造与生产的效率。而为了满足住户大量且不同的需求，一个多样化且适用于不同支撑体系的"填充体"住宅内装产品市场将发展起来。

12   ## 2.1.2 理论、方法和实施

在短短的几年之内，哈布瑞肯的理论和提案、文章以及他开创性的荷兰语书籍通过口耳相传、"盗版"翻译在全球范围内传播开来，而哈布瑞肯在十年后才将其著作的英译本正式出版。此时"支撑体"理论及实践已经在深度和广度上达到国际化水准，其发展被《规划》

（*Plan*）、《今日建筑》（*L'Architecture d'Aujourd' hui*）、《*AD*》、《建筑评论》（*Architecture Review*）、《都市住宅》（*Toshi-Jutaku*）及《开放住宅》（*Open House*）［现在的《国际开放住宅》（*Open House International*）］等杂志刊载。支撑体住宅建造实践运动的核心机构是简称为SAR的建筑研究会（Stichting Architecten Research）。SAR在1965年由荷兰建筑公司联盟设立，哈布瑞肯时任主席。SAR获得了建筑承包商、工业制造商等的支持，其目标宣言是"激发住宅建设的工业化"。总体而言，SAR试图探讨建筑行业和住宅产业之间的关系，并明确揭示了建筑师在住宅设计中具体的新方向。[1]

哈布瑞肯以艾恩德霍芬理工大学（曾受邀出任新建筑学院的主任）为根据地，带领SAR小组开展了一系列扩展型应用研究，包括SAR 65（在不预先设定住宅尺寸和平面布局的前提下，居住用的支撑体的设计基本方法）和SAR 73（城市肌理设计的方法论）。同时SAR也推出了10/20cm的模数网格体系，并在之后成为全欧洲通用的模数协调标准。

SAR最初的10年是支撑体的理念和应用研究的孵化器时代，之后支撑体的理念才广泛传播至世界各地。德国、瑞典、瑞士和奥地利开始践行类似运用开放建筑论的项目。但是，这一情况在20世纪70年代中期之后开始有了转变。随着荷兰境外项目的减少，荷兰境内越来越多的支撑体项目开始施工建造。第一个是在霍伦（Hoorn）当地，由Van Wijk和Gelderblom两个机构1969年建造的住宅综合体。从代芬特尔（Deventer）地区建设的6个实验性住宅项目开始，阿琪·范·兰登（Age Van Randen）和Van Tijen、Boom、Posno及范·兰登公司携手，用随后的4年时间完成了另外6个支撑体项目的建设。J. O. B. 建筑师事务所的福克·德·容（Fokke de Jong）、汉斯·范·奥尔芬（Hans Van Olphen）、泰斯·巴克斯（Thijs Bax）等人投入建造并根据SAR理论提出城市肌理的概念。弗兰斯·范·德·韦尔夫/KOKON工作室（Frans Van der Werf/Werkgroep KOKON）在经历长达25年的开放建筑理论的研究及实践后，开始了首个住宅区的建造尝试。

在经历了10年的研究与出版后，由地方政府和住宅协会设立的创新性实验原型"支撑体"项目，为日后开放建筑论的研究和实践打下了基础。荷兰住房、空间规划与环境部（Ministry of Housing，Spatial Planning and Environment）和经济部（Ministry of Economic Affairs）持续提供了大量的项目研究资金。这段时期出现的研究机构都作出了一系列的重要贡献。这些研究机构包括IBBC-TNO Bouw、Vereniging van Systeembouwers、VGBouw（Vereniging Grootbedrijf Bouwnijverheid）、艾恩德霍芬理工大学和代尔夫特理工大学两校的建筑学院、SBR（Stichting Bouw Research）和卡尔德意志咨询公司（KD Consultants BV）等。

由SAR广泛宣传的理论已进入建筑学主流话语行列，建成的开放建筑理念下的实践项目也受到好评。在比利时鲁汶（Louvain），被普遍称作"La Mémé"的吕席安·克罗尔（Lucien Kroll）的医学院（Maison Médicale）的学生公寓备受世界赞誉。甚至数十年后，《建筑师杂志》（Architects' Journal）也评价由汉迪（Hamdi）和威尔金森（Wilkinson）两个机构在伦敦阿德莱德路（Adelaid Road）主持的PSSHAK二期项目为20世纪70年代最具影响力的项目之一。在美国，弗兰斯·范·德·韦尔夫关于荷兰帕彭德雷赫特（Papendrecht）项目的文章也占据了《哈佛建筑评论》（Harvard Architectual Review）创刊号的重要位置。尽管美国并没有开放建筑论指导建成的项目，但住宅建设的推进者们因为《支撑体——批量式集合住宅的另一种选择》[以下简称《支撑体》（Supports）]一书而加强了支撑体构建的意识。并且，罗伯特·古特曼（Robert Gutman）、肯尼思·弗兰姆普敦（Kenneth Frampton）、克里斯托弗·亚历山大（Christopher Alexander）等理论家都曾就"支撑体理论"进行过相关讨论。

在SAR开始迈入第二个10年之际，约翰·哈布瑞肯前往美国出任MIT建筑系主任。从那时候开始，SAR的方向和关注点在约翰·卡普（John Carp）的指挥之下有了一定的偏移。除了SAR的方法论以外，一切都快速发生着变化。这些变化来自新的关键因素，其中最重要的是石油短缺的第一次短期经济余震，政治气候的周期性变化以及住房生产的深刻永久性变化。荷兰建筑师在支撑体主流中的关注重点也在不断发展：随着他们从讨论理论转向建设项目的过程，面向实践的新问题随之日益突出。

14

在SAR研究会内部，有关支撑体、城市肌理、设计方法和其他相关领域方面的项目研究和学术发表工作仍在持续开展，但是SAR理论却面对一道难以翻越的高墙，那就是填充体系的匮乏意味着难以完美实现支撑体理论的问题。尽管保留了优雅的支撑体理论和实用的SAR方法论工具，但支撑体的研究会根基正在缩小。政府和建筑学专家在住宅建设方面发挥的领导和投资作用在SAR高速发展时期就已经达到顶峰，之后便迅速减少。随着衰退，SAR对荷兰的住房研究和辩论也产生了影响。围绕支撑体的基本实用性的辩论越来越多。

参与支撑体理论研究及实践活动的一些建筑师开始觉得支撑体理论可能是无法进一步实现的。也有人认为，从住房的社会机构、住宅市场、整体政治环境的根本性转变来考虑，支撑体理论显得已经过时。

在1974年至1982年间，其他国家应用开放建筑理论的实践项目都有所减少，但在荷兰却持续有越来越多的项目投入施工。自1970年至1982年，有20个应用开放建筑理论的住宅项目完工。在20世纪70年代的10年间所建造的16个项目中，有13个是开放建筑论发展及应用实践的开拓者们完成的，包括阿琪·范·兰登、德·容、范·奥尔芬、巴克斯（Bax）和范·德·韦尔夫/KOKON工作室。

总之，在20年的实践过程中，包括西方发达国家的40个项目，日本的10个项目（建于1980—1984年）在内，共有50个开放建筑论的实践项目完工。随后，在日本的支撑体/填充体住宅急速扩张性生产的同时，欧洲的支撑体建筑项目却在减少。10年后，德国、奥地利、瑞士

15 　和瑞典渐渐不再建造支撑体住宅，荷兰似乎陷入了孤军奋战的窘境。1982年至1989年间，也只有3个支撑体建筑项目在荷兰建成，而且都出自范·德·韦尔夫/KOKON工作室。

在已建成的支撑体建筑项目中，经验丰富的核心建筑师们达成了一致共识：要想支撑体设计、建造的方法和原则能够取得更广泛的实践成果，那么在建造技术上、手续上的复杂问题必须得以解决。具有开创精神的建筑师、施工方和委托人展示了他们排除万难实际建造出支撑体建筑的能力。卡雷尔·德克尔（Karel Dekker）等人通过一系列分析总结得出，支撑体体系展现了一种可行的经济模型。但是，支撑体的制造商发现无法找到与之匹配的经济可行的装修安装系统——尽管包括布鲁因泽尔（Bruynzeel）和奈胡伊斯（Nijhuis）在内的公司进行了重要的基础研究和产品开发。

对于荷兰的许多人来说，新的方向显然已十分明确。和西方发达国家其他形式的住宅建设一样，开放建筑项目也受到二战后生产模式及组织、社会、技术和概念惯性的阻碍。也没有建成一个可复制的、主流住宅模式可作为组织大规模开放建筑实践的范本。尽管为商业房地产市场开发的填充技术取得明显的成功，但它和住宅市场还不具备兼容互换性。

政府部门持续积极地提供资金来激励建筑行业和住宅产业的创新以及跟进的研究。对支撑体的研究转向了填充体生产、监管体制改革及支撑体建筑技术等方面。随着石油危机的消退，房地产开发业务和住宅消费市场开始复苏。此时，一些支撑体理论的支持者们开始与工业制造商积极建立联系，试图进入复苏的市场。从1975年开始，阿琪·范·兰登团队就在代尔夫特理工大学积极开展了应用开放式体系结构研究。现在出现了一个新名词和一个新运动——开放式建筑。作

16 　为SAR的传承机构之一，OBOM（Open Bouwen Ontwikkelings Model，开放建筑模拟模型）小组在阿琪·范·兰登的领导下，于1984年在代

尔夫特理工大学成立。

到1984年为止，SAR委员会已经将开放建筑理论的实践地点转移到了海外。国际上对于SAR方法论和研究的关心程度情况不同，在北欧地区的关注度有所减退，而包括拉丁美洲和亚洲等在内的世界其他地区的关注度却在上升。前来鹿特丹建筑中心（Bouwcentrum）参观及参加SAR讲座课程的国际人士仍然络绎不绝。1985年，SAR的总监约翰·卡普在一项名为"区域住宅和设计研究国际基金会"（International Foundation For Local Housing and Design Research）的项目中发挥了指导作用。该项目建立了在荷兰以外其他地区扩展SAR理论及实践活动的联络网。最初的一系列国际会议和墨西哥城示范项目实施队伍的成立，似乎为此带来了极大进展。然而，一个世界性的活动组织却未能维持长久。随后，SAR在1987年谢幕之前，一直持续进行了关于其他项目[2]、出版物、教育课程和实践应用等工作。

与此同时，OBOM已经开始将开放建筑理论的研究推向更广泛、更完整的实施操作。首要的步骤即是进一步明确住宅建筑主体结构和内装的分离。全面发展和预制建造的住宅填充体技术需要更多的硬件、知识和相关法规改革。在OBOM创建之后的几年中，荷兰开始开发全面的填充系统。至今为止，OBOM已持续研究了有关开放建筑理论实践的关键问题，并在世界范围内推广开放建筑理论及实践内容。

SAR设立前，开放建筑理论指导的住宅建筑建设已开始无明显征兆、自然而然的兴起。至SAR解散为止，商业性的开放建筑理念的实践项目已司空见惯。发达国家的商业、零售业以及体制化的建设环境已经发生了不可逆转的变化。从这个意义上说，哈布瑞肯关于"可变填充体层级的产生及应用"（reemergence of a mutable infill level）的远见卓识的预测已经成为现实。可变填充体层级可以恢复使用者与建筑的自然关系，维持社会稳定与个体自由间的平衡。但这些尚未在住宅建筑中实现。

17

2.2　日本

2.2.1　二战后的工业化住宅

　　值得注意的是，日本建筑工业化技术的发展要晚于西方各国。几百年来，日本本土建筑都是以木框架结构为基础，建立在高度发展的传统技术上。其建造同样遵循着支撑体/填充体或是"两阶段"原则：木匠首先建立起支撑体框架，然后再组装分隔空间的榻榻米、可滑动的隔扇等住宅内部的填充体。中高层的集合住宅在当时是非常少见的。

　　第二次世界大战后，城市化快速发展，人口大量迁徙。在此影响下，集合住宅（多层多户住宅）成为日本城市中占主导地位的新住宅类型。与此同时，出现了租赁这一方式，它继而成为主要的所有权形式。在日本，集合住宅的历史非常短暂，它是在1955年日本住宅公团（Japan Housing Corporation，后来的HUDc）设立后，才得以迅速普及和发展。

　　随着开放建筑论的新住宅建造模式从西方的引进，用混凝土、钢铁、玻璃等材料进行预制和建造，增强建筑工业技术能力成为全民的关注点。在20世纪五六十年代，包括建设省（MOC）官员泽田光英（Mitsufusa Sawada）、东京大学教授内田祥哉（Yositika Utida）在内的许多知名建筑师和政府官员，都在大力提倡应该同时发展住宅类及非住宅类建筑的通用开放市场，以及建立工业化生产的"标准"子系统。他们共同发起了很多项目，这些项目开始改变整个建筑业，随之而来的巨大变化显现在生活方式、经济、土地使用、专业服务、施工过程和技术等方面。

　　此后数十年，大学和政府机关以及私有企业的研究者一直坚持对新的构成要素体系、供给线、生产方法等进行了实验和研发。其结果，无论是对新的住宅类型还是传统的木结构框架技术类型都产生了影响。逐渐形成了无关实行层面、聚焦内在关联的项目研发方向，包括：

- 传统木结构住宅构法的变化；
- 工厂预制住宅的开发；
- 美式木制螺栓架构的开发；
- 改造项目市场的出现；
- 中高层住宅中钢、混凝土和复合材料技术的开发。

在上述相互关联的研发方向中，"传统木结构住宅"和商业化的"工厂预制住宅"之间存在着市场竞争关系。起初，这两者没有什么技术体系和方法的信息交换。但是在其他研究之间却展开了非常重要的技术方法论的交流，为整个住宅生产的发展带来了益处。

住宅构造方式的发展将抗震设计和防火的严格要求包含进来以后，可谓是高歌猛进。另外，外墙体系、机械设备体系、整体卫浴等内装部品、内嵌式家具和装饰面等也有了重大突破。日本建设省下设的独立机构"更好生活中心"（Center for Better Living，BL，原日本住宅部品开发中心）对这些部品的开发给予了大力支持。最终，建设省对其中绝大多数部品给予了认证。

在短短30年间，日本的预制生产技术和建筑部品的工业化生产都有了显著发展。这期间所有的研究和实践活动都将日本住宅领域的工业化发展提升到相对成熟的水平。在这期间，日本的建设环境和社会进程也发生了极大转变。如此迅速的转变在西欧工业化发达国家中是前所未有的，这是日本政府和民众共同努力的结果。在建造方式和体系巨大转变的过程中，引入新型建造体系的同时，传统的木结构住宅建设方式仍保持着巨大的影响力。然而随着时代发展，传统木匠工人及传统住宅的建造量均急速减少。

在1972年，一年之内建造的住宅单元总量已经达到近200万户，这标志着日本批量式集合住宅的巅峰期到来。该时期的命题是以极大规模的住宅单元生产来满足基本且急迫的住房需求。这种粗放速建的后果是：被塞进巨大的建筑中的住宅单元，成为空间狭窄且品质低劣的大规模的住宅存量。此外，在第二次世界大战后不久所建的住宅单元，其耐久性成为20世纪80年代日本的全国性问题。主要的障碍在于洁具设备和浴室的维修、维护，高级公寓及租赁集合住宅中地板和墙体中嵌入的管道、线路的更新、替换，以及社会组织与建筑间的相互影响。例如，像"町内会"这样的传统邻里组织，已不再能够维系不同楼层住户的邻里关系。集合住宅更多地被视为居住过程中的过渡阶段。某种程度上，大部分的家庭都希望在独栋住宅中养育孩子。

日本住宅公团成立前期致力于组织及加强集合住宅中每户家庭在住房建造中的参与度。数十年后，居民运营协作运动在东京和大阪两地启航，其目标是支持并帮助每个家庭住户在集合住宅中实现自己的居住需求。1978年，日本住宅协会（Japan Coop Housing Association）成立。随后在20世纪80年代，他们以"都住创"（ToJuSo）为名在大阪建立了许多合作项目。

20   日本其他一些主要的新兴内容包含了对用于新住宅的部品、建设方法、住宅供应方法的开发。极大的研发力量及资金开始集中转向独立式住宅。同时，平行开展的研发也集中在集合住宅的部品上，包含了新的构造体系、外装构件及内装部品、考虑居住者的利益和偏好的规划与设计方法等。

与此同时，由于日本大城市土地和房屋价格过高，独立式住户或高级公寓的所有者越来越发觉置换新屋实属渺茫。尽管很多夫妇希望尽可能早地搬入独户住宅抚养孩子，但他们发现梦想也已经破灭了。如今，他们不得不在二战后批量复制的狭小住宅单元里居住很多年。此外，住宅数量的不足以及持续攀升的房价对于数量激增的老龄化家庭，更是一个非常大的难题。

在分析日本开放建筑复杂的形成过程中，将日本与荷兰两国的建筑文化进行比较也很重要。两国的住宅都存在低层密集的住宅模式。两国不同的建筑文化都在数百年来的缓慢发展中形成：一种采用木结构，另一种则采用砖石和木材的结合。两者都有悠久而复杂的住房住宅协会传统。两者都是高度组织和模块化的：日本的建筑使用了大约以1.8m为协调单位的模数，称作"间"；而荷兰则在建造门和窗时用了砖块的模数。两国都已确立了众所周知的建筑原型：日本以6个榻榻米（六畳间），而阿姆斯特丹以一个前室（voorkamer）为比例单位。

　　两国文化相比之下的关键点是，与荷兰不同，日本没有个人主义或者市场独立性的历史，政府与私营部门之间也没有明确分开。还有，掌握有极端强大权限的日本通商产业省［MITI，现为经济产业省（METI）］以及建设省［MOC，现为国土交通省（MLIT）］，可以非常积极地发起、支持、管理跨多个产业的大规模工程。这个常常通过所谓的第三方（公共私有混合）组织来实现。共同的利益也往往导致利益方参与项目时，担任几重角色。相比之下，在荷兰，像SAR或OBOM这样的民间组织积极寻求政府的资金，而填充体的组织和研发公司则以小规模为主。开放建筑在荷兰的客户直到最近还是小规模的当地住宅协会、当地开发商和小建造商。

21

　　日本大多数的援助和补贴都针对整个住宅产业，基本上是由政府主导，大型建造商、住宅开发商、部品制造商共同参与和赞助。日本通商产业省倾向于关注填充体层级。为此，他们开始创建及投资发展内装部品工业，已经在能源保护系统、可装卸的隔墙系统、收纳系统以及其他内装部品等方面形成了主流的研究方向。而建设省则倾向于集中精力组织建筑主体、基础设施、建筑规范方面的研究和融资活动。

2.2.2　开放建筑论的初期关注

　　20世纪70年代，SAR在日本最早的"使命"就是将西欧的支撑体理论在日本宣传普及。70年代前期，日本的研究型建筑师来到荷兰参观访问了SAR。在日本建筑中心（Building Center of Japan）的金子勇次郎（Yujiro Kaneko）和泽田诚二（Seiji Sawada）引领下，日本对西方开放建筑理论的广泛兴趣逐渐增强。这之后，出现了更多对SAR及其后续组织（包括OBOM）的进一步访问。1972年9月和1979年1月，《都市住宅》（Toshi-Jutaku）杂志发表了关于支撑体/填充体概念、

22　建筑设计方法和已建成欧洲项目的详尽报道。包括CLASP（英国）、SEF（加拿大）、SCSD（美国）在内的欧美其他"系统建筑"（systems building）实验，在这些年都成为详细调查研究的对象。

作为重要的用于刺激和发展日本"系统建筑"市场的示范工程，学校建筑（例如GSK）和其他类型建筑（例如GOD项目）的相关实验项目也纷纷登场。1980年，日本首个开放建筑论指导的实践项目（开放建筑项目）建成。1982年又有3个项目建成。随后，在日本实现了30个以上的开放建筑项目，从小规模独栋实验住宅到数十栋集合住宅规模不一，其中多数项目贯彻了开放建筑论的明确思想和技术。

正如在第3章和第4章所分析的那样，欧洲和亚洲的开放建筑发展特征有着本质的不同。即使在亚洲，中国和日本的开放建筑理论及其实践方式也大有不同。尽管西欧或斯堪的纳维亚半岛的开放建筑理论及实践的发展广泛且多样，但是日本作为一个国家，其开放建筑理论及实践是独一无二的。其研究方式的多样性、开放建筑理论及实践的相关调查的规模、参与不同长期开发项目的关联机构及人数，以及超出预计的已建成项目及住宅的数量等，都独具特色、无出其右。

2.2.3　住宅都市整备公团（HUDc）/公团实验住宅KEP（Kodan Experimental Project）项目

住宅都市整备公团［Japan Housing and Urban Development corporation，HUDc，现都市再生机构］是日本最主要的开放建筑论和实践研究的先锋，也是该领域中最早和最持久的贡献者之一。为了进一步推进住宅建造体系及研究的开发，HUDc在1974年开展了历时6年、分3个阶段的KEP项目。建立在日本原有的开放式传统建筑基础上的KEP，可能是被公认的日本最早建成的开放建筑专业开发项目。作为附带成果，KEP的发起者们意识到，除了推进硬件方面的实验，也需
23　要培养未来能掌握新研究方法的新一代研究者。

KEP项目团队将建筑分成了结构、外围护、内装、管线和水系统、

空调设备5个子系统。对于每一个子系统，都规定了其性能特征，并组织部品制造商开发合适的新部品。同时，300mm模数网格和接口连接规则的制定确保了构件间互换的可能性。最终，作为成果的产品目录成为设计师实用的设计工具。

首个实验建造是在东京西部八王子市的HUDc研究所完成的。随后，HUDc开展了众多的项目和倡议活动，致力于降低成本、合理化建造和增加消费者在住房方面的选择。主要建成的项目包括自由空间支撑体系统（Free Space Support System，1983）；自由平面出租项目（Free Plan Rental Project，1985）；宇津木台生态村项目（Green Village Utsugidai group condominium project，1993）；"You-Make"降低成本示范住宅（"You-Make" Cost Reduction Model Housing，1995—1997）[3]，以及KSI试验项目（KSI Experimental Project，1998—1999）。这些具有里程碑意义的项目会在第二部分的案例分析中进一步介绍。

2.2.4 两阶段住宅供给方式和百年住宅体系（CHS）

日本开放建筑理论与实践的另一个重要发展，是"两阶段"住宅供应的施行。

巽和夫（Kazuo Tatsumi）、高田光雄（Mitsuo Takada）（京都大学）首先调查研究了都市住宅的现状。他们的研究表明，日本都市住宅中"公"与"私"、"购买"与"租借"的绝对边界表现得既不充分也不准确。因此，需要对其有一个全新的区分方式，来适应日本复杂的住宅产品种类与生产运营过程。研究者们共同的努力促进了日本"两阶段住宅供应"方式的发展，其建立在日本原有传统支撑体/填充体施工建设系统的基础上。第一阶段，公共支撑体的设计，作为高品质、耐久性强的共有财产，由社会资本提供。第二阶段，填充体的安装，理想情况下是由小规模的地方施工公司实施。[4]这个具有前瞻性及驱动力的想法绝不是仅仅让建设过程合理化的一个建议，而是将住宅的社会领域更有效地调动起来。

24

最早的两阶段住宅供应项目于1982年在大阪泉北新城建成。该项目中，卫浴和厨房的位置是固定的，其他部分可以由每位住户自由安排，项目为每个参与住户准备了户型平面图。1989年，同样在大阪，千里亥子谷房地产机构的两阶段供应项目（Senri Inokodani Housing Estate Two Step Housing Projec）建成，这个项目在每个单元的中间区域设置了管井，用水区域可以有多种选择与之相连。同时，每个单元剩下的空间仍有丰富的布局方式。千里亥子谷项目也运用了由主管建设部委员会（MOC）的内田祥哉（Yositika Utida）领导开发的百年住宅体系（CHS）的一种变型。随后，兵库县的CHS和"吉田/新时代"的都市住宅项目，融合了两阶段住宅供应方式和百年住宅体系（CHS）两者的概念。结构体系方面则使用了和当时其他几个项目类似的反梁体系（Kendall，1987）。

CHS是日本建设省（Ministry of Construction）的一个五年计划，始于1980年，其致力于在物理性能和功能上延长新建建筑的使用寿命。项目由内田教授带领，采用的建筑部品体系建立在模数协调以及部品使用年限概念的基础上。模数协调的概念在传统木结构住宅的建筑构件市场上早已明确建立。CHS团队目标在于制定同时适用于传统木结构建造和较近代的钢筋混凝土建造两个系统的协调标准。

在CHS的研究中，首要原则是考虑两个不同群组之间的部品界面接口形式及其安装顺序，使用寿命较短的构件必须在寿命较长的构件安装之后安装。例如，设备管线不能埋入现浇混凝土或者其他的结构构件中。这引出了架空地面的使用。

日本在1980—1982年之间进行了一系列的相关研究且成果不凡。1984年，为了给1985年国际科学博览会（International Science Exhibition）工作的外国人提供住所，住宅都市整备公团（HUDc）在东京北部的筑波建造了几栋5层高的住宅楼。博览会结束后，全部159个住宅单元都进行了适应更典型的日式生活方式的填充体改装。1985年，在东京的一个商品公寓项目中，使用了可在住宅单元内同层排水的下水道系统。1986年，东京一栋以CHS方式建造的拥有263个单元的公寓完成后，于1987年又有一栋同类公寓在东京建成。1989年，千里亥子谷项目在大阪建成，该项目也使用了两阶段供应体系。

1997年，混合使用两阶段供给方式和CHS体系建造的另一个项目在大阪附近的兵库县建成。在后一个项目中，楼板和梁的位置是反过来的，住宅单元内的顶棚是平的，上层住户单元在反梁和架空楼板之间可以进行简单的管线布置。目前已建成了许多使用CHS方式的项目，包括独栋住宅、集合住宅和商品楼。迄今为止，日本最著名的、使用开放建筑理论的项目是由大阪天然气公司赞助建造的Next21项目（1994）。这个项目混合应用了两阶段供应体系和CHS体系，也包括一些先进的建造体系，以及众多结合了节能、循环利用、城市绿化等可持续生态理念及技术的重要实验成果。Next21也代表了首个由一位建筑师设计支撑体、其他众多建筑师设计住户单元的开放建筑项目。

2.2.5 筑波方式

为了应对与土地开发相关的"使用权"法规的众多伴生问题，基于"筑波方式"（Tsukuba Method）的一系列项目从1995年开始建造。这项工作是由建设省筑波建筑研究所（Building Research Institute of the Ministry of Construction in Tsukuba）的小林秀树领导，目的是在使用"两阶段住宅供应"方式的同时，实施一种新的土地所有制和住户控制的概念。第一个项目包括15个住户，第二个项目可容纳4个住户，第三个项目可容纳11个住户。另外6个项目都由私人公司建造，同时也规划了其他更多的项目，于是这一概念从政府赞助的项目领域转移到了一个规模更大、更重要的私有市场。筑波方式不但解决了土地的有效活用和成本问题，而且进一步实现了住户在一个地方长期居住而不是周期性搬家，可以说，筑波方式对日本的开放建筑论与实践发展作出了突破性贡献。

第3章 开放建筑的发展历程

3.1 从本土建筑到开放建筑

　　如上一章所述，开放建筑是在重新演绎本土建筑的基础上发展而来的。开放建筑对于设计建造过程的合理化以及明确主体范围的划定策略，与建成环境一样，实际上是历史悠久的传统方法的扩展。同样，室内建造工程开始前先进行结构施工、将支撑体和填充体分离的这种做法，特别是在恶劣的气候环境中显得尤具现实意义。因为几乎所有的本土建筑类型在其生命周期内都会有多种功能，所以建造者们达成共识，很久之前就学会了以具有独立性、可变性、短寿命的特点为前提建造填充体，这样可以既不对结构性能妥协，也不改变建筑形式中蕴含的社会意义。

　　因此，传统的日本建筑在结构柱之间设置可拆除的滑动隔断和可拆卸的榻榻米。传统的荷兰运河别墅首先建造立面、屋顶和开窗，然后再在窗后建造房间。仓库建筑往往通过四周砖墙支撑大跨度的木质屋面结构，并结合独立木结构框架的填充体建造而成。这就如同在希腊民居的砖石建筑中，两层木结构中的夹层、夹层中的木隔断构成了内部空间。其实，不论在哪种情况下，居民都具备对空间类型可能性的解读和利用能力（Habraken，1998）

　　从城市尺度看，沿街的建筑群传统上往往会有垂直于立面的独立墙体，可以用来传递屋顶荷载，不过更重要的是，任何一栋楼在拆迁或替换时不会对相邻建筑或城市景观造成影响。对于建造联排住宅时有共用承重墙做法的模式，则结合了详尽的法律和社会协议来规定有关共用结构的责任和管理。另外，由于技术、概念、社会和组织方面的原因，高层住宅的环境条件使布局、通道、管理、意见、责任的复杂性成倍增加。在常规建设中，这种复杂性通常排除了在室内布局或外立面上给予个人住宅实质性的决定权。

如前所述，近几个世纪以来，环境发生了前所未有的快速变化。这个变化包括公共设施的供应、垃圾处理、电力和数据传输以及各级交通网络等，它们伴随着环境影响下的规模、组织、目的和法规上的变化而发生深刻改变。具体到建筑上看，从旧时手工制作的固定产品到形式多样、简单可变的工业化部品，它经历了长时间的体系上的转变。这个变化是从建筑主体层级到填充体层级、由上至下的建筑部品的转变过程。同时，所有权和管理及责任从建筑的所有者也转移到承租人身上。在此情形下，一波又一波的体系快速地被引进建筑建造中，导致了施工现场的混乱丛生。在这样的环境改变浪潮中，孕育了面向开放建筑发展的时代背景。

3.2 从大规模集合住宅到开放建筑

29

各国政府在整个历史上都介入干预了城市的设计，包括殖民地城市、防御工事、公共事业和交通运输系统，并进行了更多的监管。这样的传统已经持续上千年。自从《1901年荷兰住宅法》颁布后，政府出于下述两方面的压力，开始保护居民的健康、安全、福利以及房地产价值（除了日本和中国是在第二次世界大战后加入外，其余欧洲各国很快加入荷兰的行列）：

首先，由于财富增长分配方式的日新月异，生成了一种有关个人和社会对于新的公有责任的态度。其次，工业化、城市化、复杂并具有潜在危险的新型环境技术的引入，以及基础设施、网络和伴随着日益增加的危机意识等，需要公众对从前的私人活动进行监督。[5] 在许多欧洲、北美和亚洲国家，政府开始定义、规范和加强环境标准。几乎同时，许多政府开始生产建造大规模集合住宅。大规模集合住宅的现象也带来大量标准化的住宅单元、新的高密度住宅样式、新的供应、垃圾处理、运输网络和进一步的政府中央集权决策和管理。

由政府和官僚机构倡导的集合住宅建设，在第一次和第二次世界大战之间和第二次世界大战之后风靡起来，广泛影响了资本主义和社会主义两种社会。城市街区是城市肌理的基本单元，它被替换成粗制滥造的多层住宅楼，通常包含数百个整齐划一的住宅。集合住宅的"从上至下"的专业干预方式不允许居住者的参与。它的"一致性"源于在其他领域的一系列非同寻常的发展应用：战时军队应急住宅营造手法被介绍到民用领域；包括泰勒（Taylorist）工业组织和组装线生产在内的科学化的管理和生产技术被沿用到建筑构件的预制中；具有前所未有的环境控制权的新的或扩大的官僚机构大规模地采用了集中决策等。

在当代文明的氛围下，运用合理的科学技术、简单易懂的方式是解决已知"住宅危机"的一种突出方法。通过评估技术、改善卫生、住宅标准和建造效率达到更大的规模效益的目标，成为政府和专业人士实施大规模集合住宅建设的唯一驱动力。作为合理的预制生产的必要条件，标准化建筑布局、外立面、统一的单元平面被接纳引入。实际上，这样的住宅供应状态是决策和管理转变，特别是从分散的责任模式到在多个环境层级上实施集中管理运营的结果。

到20世纪50年代后期，大约不到10年时间，全世界的批量式集合住宅便开始呈现了其社会的、破坏性影响。这些后果包括城市肌理的急剧粗糙化；控制权的集中化，以及随之而来的个人自由、参与、责任在建成环境中的丧失。

之后的几年，由于科学技术和社会变化的持续加速发展，集合住宅缺乏灵活性及没有适应社会、经济和技术变化能力等问题被暴露出来。可以看到，不断增加的预制混凝土集合住宅越来越过时和不适宜居住。大规模集合住宅的建设对经济、社会和环境产生了巨大影响。
是否坚持生态可持续发展、住宅子系统的工业化、新建到改造更新项
目的转移、以填充体为中心的建筑子系统的变更、针对消费者的住宅
和住宅填充体系统的出现等问题，概括而言，为了解决发展过快、未
达预期的大规模集合住宅衰退所带来的问题，开放建筑理念又重新进
入人们的视野，其支持者越来越多，逐渐恢复了生机。

在30多年的时间里，包含十几个集合住宅在内的、超过130个住
宅项目使用了支撑体和填充体的原理。其他不计其数的项目也开始 31
有意将开放建筑中的一些目标纳入考量：例如，居民参与、居住者选
择、子系统灵活可变、系统拆分以及决策流程（按照层级并利用专有
填充体技术）等方面。

3.3 开放建筑概念的核心

3.3.1 层级概念

40多年的研究调查结果显示，环境和决策层级与大量的知识、理
论和应用研究的积累密切相关。这些表现的背后就是约翰·哈布瑞肯
早期本能的和相对简单直接的想法，即构成建成环境实体的物质要素
往往和人类的活动有直接的联系，两者是密不可分的；将住宅视为孤
立的物体或产品会导致不可接受的后果。这种理解最终也将哈布瑞肯
导向另一个主张：因为建造形式随着时间的推移而变化，改变形式本
身会展现一定的管理模式。无论是拆开废弃的石膏顶棚、嵌入式的门
窗，还是古老的石墙，我们通过观察这些变化，就可以注意到控制的
层级范围。

为了创造居住者满意、长期可应对变化的住宅建筑，哈布瑞肯指
出需要了解由谁来控制形式。层级的使用可以让环境的专业人员以环
境因素为基本设计标准，决定由谁控制什么以及何时控制。因此，层

级构架允许个人、团体或者组织将他们各自控制的场所和对象区分开。层级理论还考虑了这样一个事实，即在建筑设计、施工、维护管理的各阶段，拥有控制权的各方会发生变化。

层级本身在不同时间和空间上会变化或偶尔缺失，但是它们在整个建筑环境中是一直存在的。层级是通用的。当作为物质的部品和空间的任意组合，可以在一个有秩序的循环变化的状态下观察时，就可以定义层级的概念。本质上，层级是在建筑、社会组织和其他领域交汇的边界点自发地形成的。层级就像控制的关节或接缝。换句话说，在建筑结构或管理结构中，自我生成且连续不断变化的建成环境所容许停顿的一些地方，确切地说在这样的不连贯性不会引起整体混乱的地方，层级展现了它的意义。

有秩序的环境层级等级结构的概念反映了日常经验。等级中的分组给予专业人士和普通居住者的体验是一样的。西方的普遍理解是，在街道或者未来道路中有可能延伸建设的区域，个人是不可以将家建造在那里的。一般来说，不会在家具布置后才开始建造或者移动分隔墙，而是家具会在有合适房间放置后再去采购。层级定义了像城市规划（肌理）、建筑（支撑体）、室内设计（填充体）、装饰层、家具这样的环境专业及其工作范围。开放建筑作为以系统化方式引导环境干预的基础，而对于层级关系简明的运用，意味着专业实践出现了本质上的改变。[6]

3.3.2 支撑体

就像高速公路的车道被设计为可以满足多个种类或者尺寸的车辆通过一样，建筑中的支撑体也可以安装各种填充体，这就是支撑体概念最基本的原则。然而，住宅或者办公楼中，每个人的房间布置和大小并不是预先决定的。支撑体是建筑中为用户提供服务性的永久性公共空间部分。从房地产和所有权的角度看，多住户的集合住宅正如竖直方向上叠加的房地产。与其他房地产开发一样，也要进行开发和细

分。集合住宅包括：公共动线（楼梯、电梯、走廊和回廊）；公共区
域（洗衣房、活动室、公共门厅）。由于空间的细分，也有必要对服
务进行分配。像公共基础设施在街道和道路下埋了管道线路为各个住
宅提供服务一样，集合住宅内公共服务部分会经过公共空间提供给每
个住户。支撑体可以采用各种经久耐用的材料，配以各种技术体系。
在其使用周期内，它们都提供了满足多样化和不断变化的需求的能
力。支撑体可以是新建的，也可以是既有建筑的利用建造。

支撑体层级的范围包括所有公共服务的管道和线路，并将其运送
到每个住户的前门或者是分隔墙处。典型的支撑体元素包括建筑结
构、立面、入口、楼梯、走廊、电梯和电力、通信、水、天然气、排
水的管道和线路。不过住宅单元内的暖气和空调设备一般不包括在支
撑体范围内。这个做法避免了技术与社会问题的纠缠，以及公共基础
设施经过私人空间或者预期外层级控制所出现的混乱。

支撑体是受建筑市场、建筑风格、气候、建筑法规和土地利用规
则投资条件，及其他当地条件支配的影响。因此，在特定的社会和技
术条件下，支撑体可按照适合当地条件的设计和施工方式建造。

建筑物使用年限内，社会的变化、技术的变化、人口构成的变化
和市场的变化会导致建筑用途的转变。即使是一直保持住宅功能，其
最初的单元尺寸和平面布局也会随着收入、家庭成员构成和空间需求
的变化而过时。而支撑体设计以实现长期地对应填充体改变为宗旨，
在适应不断变化的生活环境的同时，确保居住者选择的独立性。填充
体体现了社会或开发商所决定的价值观与喜好。

支撑体并不仅仅是一个骨架。它不是单纯的物体，而是使建筑得
以实现的存在。支撑体更像一个在人造环境中存在的、舒适的、在环
境上受保护的特别场所。支撑体是一种物理环境，在需要尽可能少的
工作投入的同时，可提供空间和可能性来建设自由度大的住宅。实际
上，常规设立的地面、建筑设施及尺度限制本身就是一种支撑体。此
外，一种新的联排住宅开发（开发商邀请买家在一定限制下，按照自

己的喜好设计住宅的内装）也是一种支撑体方式。支撑体的定义还适用于仓库、学校、办公楼改造后的住宅，它们的每个单元都可以独立决定和出售，并且按照居住者的要求再次调整。

一旦建筑建成后，支撑体就封闭起来，从外面看不见了。公共服务已经安装并开通，施工现场被清扫，周围道路也不再混乱。从社区的角度来说，支撑体似乎已经完成。但是对于即将入住的居民来说，填充体是必要的。

图3.1　支撑体不是单纯的骨架（图片提供：N. J. Habraken）

3.3.3　填充体

35

从技术和组织的角度看，20世纪最重要的建筑历程就是填充体的演进发展。填充体将建筑从管道、布线、通风管等诸多问题中解放出来。开放建筑的实践过程中，大部分技术和组织上的问题都迅速向下游的填充体层级转移，并产生了强大的影响。随着填充体方式的采用，建筑师和咨询师的角色也发生了显著的改变。他们的工作变得更加专注在建筑本身，也就是建筑中被定义为更具有耐久性的部分。与公共部分的区别明确之后，根据定义，住宅内部的填充体就有了独立性。不论是购买还是租赁，填充体都是在居住者掌握之下的。

填充体系统已经存在于整个商业办公市场中。例如，基于美国的斯蒂尔凯斯（Steelcase）财团和共同经营的海沃氏（Haworth）、赫曼·米勒（Herman Miller）、英特飞（Interface）、泰特（Tate）、阿姆斯壮（Armstrong）和其他主要的家具和室内产品制造商，拓展了从可自由拆卸的部品至楼板与顶棚间的内部装饰系统的更广范围的产品市场。这些公司在某些情况下也会提供空间上的设计服务。住宅用的填充体系统和办公所用内装体系相似，不过更为复杂。住宅中机械设备和其他供应系统更加集中，所以填充体系统作为重视消费者意见的产品，必须满足各种类型的建筑与居住个体的使用需求。

即使用传统建造的方法，当然也可能在支撑体内营造居住空间。同时，填充体部件也不必是工业化产品。现在的新的施工和改造建筑工程中，都有传统方法设置的填充体。不过这样传统的方式是没有系统性组织的。从一个组织性的观点出发，如果居住者对于在施工现场制作的分隔墙，有决定其位置或者在不影响其他支撑体的情况下作调整的权限，那么这些分隔墙是填充体部品。但是，如果房屋出租合同中禁止移动任何构件，那不管移动本身的技术难易程度，它依然是支撑体的一部分。因此，填充体部品是由本身的技术标准以及社会准则共同定义的。

填充体系统并不是将产品分类分散地运到施工现场，再由它们各自的工作人员切割和安装。相反，它是一组经过精心包装的集成产品，由顾客事先在现场外针对某一个既定住宅单元订制，然后作为一个整体进行安装。综合性填充体系统提供分隔墙、机械装置和设备、门、照明、橱柜、装饰和其他在基础建筑中构成完全可居住空间的元素等。尽管填充体系统和它们的部品并不一定非要是工业化生产，但是为了与建筑主体分离并保持其独立性，鼓励采用尖端的工业化模式，包括借助其他工业化技术行业、消费者导向等领域中在对接、物流、质量管理和信息管理等方面的智慧及成果。

当前，世界各地的开放建筑项目都倾向于采用由多个公司提供的半成品填充体系统。尽管工作是在住宅单元的基础上组织的，但是物流过程还是相对传统的。填充体选定后，每个住宅的部品会被制造、组装，或从其他不同的公司购买。两个部品的连接部分往往事先协调好，因此尽可能减少需要在现场切割组装的工作。部品被分别运送到现场，然后由一个常规的总施工方协调后分别由其协作公司安装。

3.3.4　分级决策的特性

当前，在大多数集合住宅项目中，住宅单元是作为单个建筑的一部分完成的。部品是按照整个楼预订，一层一层依次安装。北美的木结构施工中，这个过程的顺序通常是完全混乱的。自从设备系统开始迁移至室内以来，这种纠缠混乱已成为住宅生产中的一部分，它成为系统化设计和工业生产进步的障碍。不过，尽管项目的规模、部品数量和决策者数量变得越来越大，20世纪的建筑师和其他专业人员经常忽略了环境和建筑的发展趋势，仍然继续主张将许多独立的决策整合成一个"集合"。

将建筑按照技术和物流分成"支撑体"和"填充体"两个族群，以及与之相关的两个生产领域，可以有效地组织生产能力，开发每个"技术族群"或层级的最佳生产可能性。反过来，这又鼓励了针对广泛和多样化市场的系统化产品开发，这是工业生产的基本前提。

图3.2　混乱纠缠在一起的建筑系统（图片提供：Stephen Kendall）

以往所有建筑集合成功实现的案例，不是相对规模较小的项目，就是高度集中的中央管理。实现整个建筑物的集成通常是一场社会和技术上烦琐的噩梦，从规划过程的开始到施工、设施管理及其他方面，都存在冲突。这一冲突和烦琐难缠的直接结果，就是造成未来改造变得受限和困难。

38

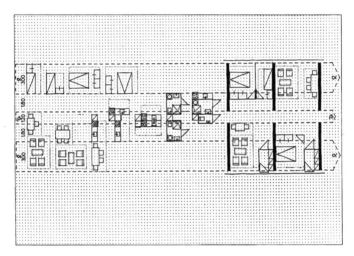

图3.3 凯恩堡（Keyenburg）容量研究图（图片提供：Frans Van der Werf）

3.3.5 容量的特性

传统观点认为，设计始于"定义问题"及"正确解决建筑功能"，然后引出"设计解决方案"。开放建筑中，容量决定了设计初期设定的功能和其功能特点。容量分析是以开放建筑为核心的综合实践。核心方式是基于两个想法：1）确保开放性和可变性的设计；2）经过一段时间、仍然容纳两个以上的"功能体"，可以维持容量的空间和形态设计。第一步应当是设计师和客户一起进行图片的评估，即最好提供尽可能多的开放建筑选择方案。形式不能以单一、僵化、可预知的功能判断，而是应当以将来的可能性考虑。这同样也是层级的概念。

39

例如，建筑物本身的形式（其他功能、室内平面等）应具备对于低层级形态多种布置款式的容量。房间要有各种家具布置和活动的容量，而城市肌理（街区层级）应容纳多种建筑类型和风格的同时，依旧保有连续性。

支撑体的设计在理想状态下以下面三个原则体现容量的概念。第一，每个支撑体内的住宅单元必须允许多种布局。第二，必须有可能通过更改建筑主体内住户单元的边界或对其进行扩展来更改平面的面积。第三，支撑体或其部件必须可变，且要具备适应除了住宅以外建筑的不同功能。支撑体不论在怎样的条件下，都能满足项目的经济、用地条件、利益方各种偏好等不同需求。功能和成本的关系，可以在支撑体能够支持的基本平面设置确定后得到全面的评估。

设计支撑体时，对于容量的评估需要一个系统性的研究方式。首先是对于可能的使用方式的检查。这个检查是涉及一系列平面设计方案比较的一个复杂过程。一般来说，这个过程从方案设计开始，并贯穿整个技术设计。建筑主体和填充体的相互影响也必须探讨。由于适应性是支撑体的一个重要特征，所以更改必须易于实现。就像填充体系统的开发并不预设它们在哪里安装一样，支撑体也必须在不知道将会有怎样的填充体产品或系统被采用的情况下设计。但是，为了最大限度地增加用途改变的可能性而简化形态是没有必要的。因为完全"灵活"多用途的空间——没有柱、墙壁、剖面的变化或者光的变化的空间，不能满足住宅作为建筑的必要条件。[7]

3.3.6 可持续的特性

大规模集合住宅巅峰期的几十年间，从日本到西方各国，建筑以最低的技术标准、结构标准和空间标准快速建造。事实证明，"一体化"集合住宅楼内的住宅单元无法适应生活方式的快速变化和技术的进步。经过几十年后，留下了"住宅危机"和"废旧建新"的思考。这样的短期投资开发策略，由于向"建筑存量活用"的价值观转换而失去了支持。现在，即使是不以改变建筑为目的的情形，可持续发展基本原则、维护管理及改造更新的视角也成了最优先的选择。

开发可再利用部品研究的本质，是将开放建筑和可持续性统一起来。长期容量作为建筑附加值带来了投资激励和基于在房地产短期价值的可行性选择。使用可变化的填充体产品，可以防止整个建筑迅速过时化。将建筑中可以达到和难以达到100年耐久性的部品进行分类，开放建筑创造了物质上和手续上的区分。因此，现在可以准确得出建筑物寿命以及在可持续性的设计原则下与之相符的责任。

开放建筑与可持续性之间的进一步契合使技术接口的发展得到推进。该技术接口允许建筑商或最终用户"即插即用"（plug-and-play）不同公司生产的产品。用于办公市场的建筑系统的制造商已率先将具有标准化接口的众多产品推向市场。但是，就算这类产品也不能与其他制造商的产品重新组合，也不能在情况改变时重复利用。也就是说，只有在特定的产品线中有着高程度互通性的产品，它们的再利用价值才越高。相比之下，传统住宅或办公楼内的零散内装产品，尽管仍然可以使用，但会因为很小的改变就可能被舍弃。实际上，不能够再次利用、用途固定不能变化的产品，也只会是将来施工现场废弃物的增量。因此，开放建筑的填充体在"直插式"（click together）部品群的策略影响下，朝着组装和拆卸的设计和制造方向发展。

除了技术问题，仍然存在与社会和个人选择及价值观有关的可持续性问题。有充分的理由相信，不断增加的、复杂建成环境的物理层面的混乱，限制了群体和个人在空间领域和责任方面的平衡。什么应当属于公共范畴，已经成为可持续性的重要标准。如何把握"公共"概念成为社区价值、利益和自主行事权力的显示。当谁该为哪一个部分负责的问题尚不清楚时，社区公共目标的巩固几乎是不可能的；公共区域和个人居住区域的区别不明显时，公共秩序的维持也难以达成。因此，这些混乱阻碍着可持续建筑环境演变的推进。

41

3.4 开放建筑的定义

3.4.1 开放建筑的相关领域

不同国家及实践设定的条件下，专家们在各种环境层级中采用开放建筑这一方式。因为开放建筑和不同的参与者、方式、过程、重点和结果结合运用，所以和开放建筑有关的不同概念、产品、方式和最好的实践项目在全球各相关学科中涌现。接下来的篇幅会按专业划分，简要介绍一些专家们提倡开放建筑策略的原因。

3.4.1（a） 城市设计

开放建筑的方式在城市层级包括特定的设计计算技术。就像"新都市主义"（在欧洲一般称"紧凑城市"）提倡的，开放建筑还将特定的图形符号方法与书面性能要求结合在一起，以确保执行方之间的清晰沟通。在以分散控制为标准的大型项目中，开放建筑方法有助于解决协调难题。

3.4.1（b） 建筑

42

与不考虑时间只采用单一功能的传统做法相反的是，开放建筑提供一个极好的对策：将设备系统、结构系统和功能预测的未来连接在一起。此外，开放建筑也能够将所有相关利益方、所有层级的整个设计和施工的决策整合起来。通过将住宅内部空间组织和公共基础服务从建筑外壳分开，在所有设计、生产以及长期的维护管理阶段，开放建筑的方式减小了项目团队成员之间的摩擦。

3.4.1（c） 室内设计

"建筑主体"和"内装体"的分离为室内设计和室内相关部品产业化指明了方向，促进了新产品的开发，引导了新的生产方式。

3.4.1（d） 部品设计与生产

开放建筑的发展已将越来越多的定制完成或即装（RTA）生产转移到了现场以外的场所，包括从预制工程（以使用为中心生产部品的场所）到制造商的设施（以出售为目标的部品制造场所）。在开展部品的设计和制造时，通过考虑部品所使用的层级，有可能更加精简现场的工作。

3.4.1（e） 契约和施工管理

开放建筑项目中大部分机械和基础设备系统，从建筑主体向下转移到了填充体层级。因此，建筑主体的工作和填充体组装的作业都变得更有效率。建筑主体可在维持容量的同时，实行质量管控，使得建设过程更快速、更简化。同时，协调过程的精简也可大幅度地削减管理成本。

3.4.1（f） 经济与开发

开放建筑实现了施工现场和场外生产的有效的组合，同时控制了建筑物生命周期的成本。随着经济的发展，通过考虑可变的时间因素开始更准确地监控和评估投资，开放建筑的成本估算方法使日益增加的复杂性依然可控。

43

3.4.1（g） 公共住房开发建设机构

开放建筑原则是帮助住房机构建造能兼顾预算支出和个人住户喜好的项目。这一步完成后，每个家庭的经济实力将直接应用到自有住宅。其影响和效应波及整个社区，起到保持社会资产（建筑主体）健全的作用。

3.4.1（h） 运营管理

在典型的公寓大楼中，系统大都缠结在一起：改变一个出租单元不可避免地会破坏其他出租单元。商品公寓作为法律最为完善的住房形式，当时的设计和施工实践使任何平面图的改变和升级都变得复杂。开放建筑的方式消除或大幅减少了公共领域中的冲突数量，从而极大地简化了设施管理。

3.4.1（i） 可持续发展的支持

建筑和相邻街区的设计和施工运用的可持续性原则（今天的行动要考虑对明天的影响），推导出开放建筑学两个非常重要的迫切需求。第一，构建可以改变并因此保持生存能力的环境；第二，将子系统打散，以便一个部品的更改或删除不需要破坏另一个部品，至少以设计和建造来减少附带的破坏。开放建筑的关键原则和方法论与可持续发展的这些基本方针完全一致。

44 3.4.2   开放建筑的共同定义特征

目标广泛的众多参与者通过开放建筑实践来达到不同的目的。因此，严格的"开放性"（open-endedness）（Rappaport）标准没有被普遍采用。然而，住宅类的开放建筑中，展示了每个住户、平面布置和设备具有相对较高的独立性。基于开放建筑理念的住宅的住户，在更换平面或立面的选择上有着控制权。或者，所有人可以尝试调整某些单元来满足市场条件，但同时不会影响其他单元。无论怎样，在物理层面上，个人单元总是和公共部分明确区分的。

开放建筑理念下的住宅建筑与传统住宅建筑之间并没有明确的界限，而且也没有一个项目可以称为完全的"开放"。每一个已实现的开放建筑项目都代表了向着开放建筑方向的发展。那么，是什么定义了开放建筑学呢？是什么定义了作为开放建筑项目的住宅结构？这个答案由于时代和建筑文化的不同而改变。即使是一起进行开放建筑项目实施的团体也不能就此达成共识。尽管如此，随着时间的推移，基于开放建筑学的专业实践结果最终将有关研究按照如下分类（Tiuri，

45

作为决策人的用户	VVO项目, 1995年 (VVO/Laivalahdenkaari 18–95)	帕沃拉别墅, 1995年 (Villa Paavola –95)	莱瓦赫登波蒂项目 III期, 1996年 (Laivahdenportti 3–96)	坦米斯顿皮卡项目, 1996年 (Tammistonpiika –96)	西南公园项目, 1996年 (Lounaispuisto –96)	磨场项目, 1997年 (Myllypelto –97)	梅里塔赫蒂项目, 1997年 (Meritähti –97)	莱瓦拉登卡里项目9期, 1997年 (Laivalahdenkaari 9–97)	城堡建设者公园项目, 1998年 (Linnanrakentajanpuisto –98)	滴答公园项目 (Rastipuisto)	特瓦斯维塔项目 (Tervasviita)
A1　居民对于填充体楼面设计的选择	○										
A2　居民在支撑体层级的参与	○										
B1　对于最初入住的居民的可选平面方案			●	●					●	●	●
B2　没有可变性的居民参与		○					●				
开放建筑的空间结构											
A3　单元分配规则			○		○		●	●			○
A4　自由平面	○	○	○		●	○	●	●	●	●	○
支撑体系和填充体系统的分离											
A5　开放的框架结构	○	○	○		●	○	●	●	○	○	●
A6　各住户独立公共服务供给		●	○		●		○	●	○	●	●
A7　双层楼板或服务（设备）区			○		●						
A8　服务（设备）填充体系统	○	○	○		○		○	○	○	○	
A9　隔断填充体系统	●				●	●					○
A10　立面填充体系统	●		○								○
开放建筑流程											
A11　支撑体和填充体的分离	○			○							○
A12　居民参与的手续	●	○					●				
A13　功能和技术的设计区别	○			○						○	
A14　住宅单元居民对于填充体的实施				●							

● 达到的标准；○ 部分实现的标准

图3.4　开放建筑特征——乌尔普·蒂里于芬兰的开发草案（图片提供：Ulpu Tiuri）

1997；Beisi，1998）。具体内容有：

1. 根据环境层级识别和执行工作；
2. 决策权的分配；
3. 支撑体层级、填充体层级，其他环境层级的物质分离；
4. 建筑子系统的拆分；
5. 支持居住者选择的专业服务组织的建立；
6. 特定开放建筑方法论工具的使用；
7. 特定的与填充体相结合的支撑体技术的使用；
8. 特定的填充体技术的使用；
9. 特定的开放建筑的经济手法的使用。

1. 层级的识别

使用专门开发的专业工具和方法按照层级的概念来组织多方参与的住宅建设，并重组技术界面。例如，荷兰的SAR和OBOM，日本的BRI/MOC和HUDc等机构发展的方式。

2. 决策权的分配

将每个环境层级的控制权分配给该层级的决策者。

- 建立法律、合同和操作框架。在该框架中，单个家庭可以设计或更改其住宅平面，并决定其单元内的设备。
- 明确划分团体和个人的决策范围，将个体住户相关的决策和公共空间、基础设施的决策分离。
- 将支撑体和填充体在部品采购和施工过程中分离。填充体可以在居住者入住居住单元之前设计和安装。
- 不论在何种情况下，避免跨层级作决策。例如，在大规模的项目中，单独一方无法成功设计所有方面包括区域、立面、建筑物、住宅和家具。小规模的集合住宅项目中，也尽量避免由一方控制全局，而是提倡长期的环境多样性和健全性。

3. 物理上的环境层级分离

- 将城市公共基础设施纳入，使居民在必要时都能进入这个区域。

- 将支撑体和填充体分离开：
  - 按清晰的阶段对支撑体和填充体进行施工；
  - 将所有属于单元个体的部品放在填充体层级，可供居住者直接掌控；
  - 为了合理化运用支撑体系统和填充系统的之间的连接系统，须最大化提升填充体层级的设计自由度，以及建筑结构和公共基础设施（支撑体层级的管道、能源供应和排水管）的配置。 47

4. 子系统的协调

- 将未来的变化考虑在内，再对子系统进行调整。因此，在不会影响到其他住户或者子系统的情况下，能够独立调节或者更换。使用定位和尺寸标注规则，例如基于SAR开发的10/20cm带状网格或针对大阪的Next21项目开发的多个定位网格的规则。
- 选择具有标准化技术接口、尺寸和位置的"开放式"系统，以便可以使用符合行业范围性能标准的任何子系统。因此，选择大致上是基于设计、质量、服务和其他经济因素，而不是仅基于功能兼容性。

5. 居住者的选择和决策

- 重新定义住宅设计师作为协助居住者实现他们自己居住偏好的角色。
- 使用信息化管理工具，可以迅速展现居住者自己的设计决策。比如，在考虑填充体组件时，边看最终组装的价格，边通过软件看器具、系统、装修的可视化效果。
- 辅助居住者实现自由空间配置。
- 在出租的住宅内，允许租户在所租空间内拥有或维持填充体。

6. 使用特定的开放建筑的设计方法

- 使用SAR 73肌理方法作为计算基础设施成本和权衡各种街道肌理模型和密度标准的方法。

- 参考《变化形式：支撑体的系统化设计》（*Variations：The Systematic Design of Supports*，N. J. Habraken *et al*.，1976）等文献来设计支撑体。

7. 使用特定的支持填充体系统的支撑体技术

- 许多将会在后面描述到的系统，如隧道式静津支撑体（situ Supports）、楼板槽、平梁结构、反梁结构、Z字形梁结构、管道楼梯间组织等。

8. 使用住宅填充体技术

- 使用马特拉、Interlevel、ERA、KSI等住宅用的填充体系统，做部分或整体安装。

- 使用即装即用（ready-to-assemble，RTA）室内系统，特别是隔板、门、橱柜和其他具有重用潜力的系统或产品，例如日本的日本住宅和部品制造协会（Panekyo）产品、宜家产品、布鲁因泽尔（Bruynzeel）厨房等。

- 使用快速安装的门框和门，每扇门可在10分钟内安装完毕。

- 指定无碎片且易于在现场快速安装的分区系统。

- 在住宅单元内结构层上叠加架空地面。

- 使用配线槽和快速连接电缆，使用户可以轻松安全地安装和重新配置电源线和数据线。

- 使用预先端接的电缆，例如威琅（Wieland）、沃尔兹（Woertz）、松下制造的电缆。

- 使用旨在有高制冷制暖效率、方便安装、节能和易维修的空调和通风设备；例如三洋（Sanyo）分配系统，东京天然气（Tokyo Gas）的辐射地板系统或为埃斯普利（Esprit）填充系统开发的通风系统。

- 使用先进的水暖系统，例如德尔塔-普拉斯塔（Delta-Plast）或赫普沃思（Hepworth）先进管道系统，包括压力排水（不需焊接）的排水管或浸透式水洗坐便器。使用压力排水方式，不需要将固体借由重力从倾斜的排水管排除，而可以使用小口径管道。

9. 使用开放建筑特定的经济融资手法

例如，荷兰称作购买–租赁的填充体购买系统或者日本的筑波方式所有制。

综上所述的方式、过程和产品是实现开放建筑不可或缺的重要因素。它们将物理界面的数量减到最少，也减少了涉及设计、施工、维护管理的各方之间的冲突。子系统的这些自主性增加了施工的效率。它在支持建筑工业及其标准的全球化的同时，鼓励整个产业的创新和新产品的出现。

3.5 开放建筑的策略

3.5.1 策略概要

建筑将技术产品和居住者的需求、行动以一个复杂的方式交织在一起。随着技术要求和个人喜好变得越来越多样化，需要寻求使这种增加的多样性至少和统一形式同样容易管理的新的工作方式。因此，开放建筑实践中的基本物理系统方法是确定、开发或使用排序和组合子系统（任何规模）的原理，通过这些原理可以最大限度地减少子系统之间以及与控制它们的各方之间的干扰。

3.5.1（a） 平衡

从组织性的角度看，开放建筑为专业人员提供了工具，可用于分配责任以在每个项目的总体社区一致性和个人自由之间取得良好的平衡。开放建筑有助于确定并指定每个利益相关者明确定义行动场所和层级，并在短期的个人需求与长期的公共价值之间的平衡。

50

3.5.1（b）　效率性和多样性

开放建筑同时实现了建筑内高效的工作流程、物理上的及组织性上的格局的多样性。尽管汽车和玩具娃娃的生产已经运用"大规模定制"方式，但如何将效率和多样性融合起来的问题，在住宅建筑中被长期推定为相反概念而被认为是不可能实现的。开放建筑在提高效率并对建筑立面、屋顶、结构体系进行系统化生产及装配的同时，也允许每个住宅单元高度的定制化和可变性。

3.5.1（c）　秩序

开放建筑运用专业的工具及方式方法，重组了设计工作、安装技术界面和法规许可，从而依据层级原则直截了当地使用工业化部品。例如，填充体系统的调配就是典型的代表。"秩序原则"（三维定位的规则）的组合使用，保证了效率。秩序原则尽量减少子系统之间的冲突，简化了交接，明确了责任的分配。因此，开放建筑防止了更换某一个产品而对整体的波及影响。历史建筑环境的工作中，消除连带影响的原则可以在多种方式和多个层级上观察到：

- 城市邻里社区中，单个建筑可改变或置换，而无需强制调整改变或更换整个邻里社区的空间和形式顺序。这一点保证了城市肌理的可持续性和连续性。

- 在建筑中，体现长期物理的、文化的和社会的要求部分可以保持相对恒定，而其他部分（包括内部空间和与个人居住相关的设备）的更换则更为频繁。"巴黎夹层造法"（Parisian entresol pattern）的夹层会随着生产、消费的要求而变化，在不对庭院、入口、门厅、相邻公寓或者上层的居住单元造成影响的前提下，可以简易地扩张或者拆除。同样，有别于砌体结构的立面系统（比如幕墙），也可以在不影响建筑主体的情况下维修或更换立面部品。

51

3.5.1（d） 变换的可能性

开放建筑特定的变换可能性是建立在层级理论的基础上。例如，与来自多个制造商的标准化制作的记忆芯片几乎能够被装载在所有的电脑上一样，空调装置等子系统的各个部品也可以被其他制造商的同款产品替换，而没有替换整个子系统的必要。

3.5.2　技术的策略

3.5.2（a）　建筑主体系统、填充体系统和子系统的分离

整体系统集成与统一设计控制是20世纪建筑的研究、技术、政策制定和意识形态的特征。开放建筑的首要技术策略正与此背道而驰。基于对子系统依据层级进行分解和整合时，开放建筑认为混凝土中预埋的管道、固定的预制生产的墙板，甚至大量埋线的墙壁等，都会阻碍系统的设计、施工、更新。否则，技术应用会将住宅层级转变为建筑主体（支撑体）的层级，这是跨层级整合的掌控带来的副作用。在此建筑流程中，控制往往被优先，直通更高的决策层级。

在集合住宅中，开放建筑专业人员将工作和责任的范围以及系统设计和装配控制下的部品区分为：各个层级的集合体（城市、邻里社区、公寓所有者、商品房管理合作或共同组合）以及个体住户。

支撑体和填充体两者都包括非常多的技术子系统。例如，在支撑体中，外墙可以是由产品和材料独立安装而成的高度集成的"部品组"（包括已经存在的预制阳光室和幕墙系统）。就算由于将来需求或要求改变，更新采用技术子系统的支撑体还是比起中央集权控制的传统"一体化"施工，对于居民的影响会少很多。同样在填充体中，能够迅速拆卸和替换的部品，如分隔墙、橱柜、设备等能以自主的子系统的形式运作，采取最小的接口缠结即可完成。

3.5.2（b）　子系统的打散

开放建筑将子系统之间的接口和相互依赖性降到最低。和传统的

建筑方式不同，各个系统的安装都有特定的区域和规则。子系统的重组避免了在楼板和墙体结构之间管道、电线和通风管的交织带来的混乱，传统住宅施工现场会出现的操作人员之间的冲突也得以避免。子系统分解的直接结果就是初始安装、未来修缮更新和替换的合理化。各个产品和管道在预先指定的地方安装、使用后，测量统计变得简化，更精确。将来的建筑更新过程中不再需要无根据的推测。有时，协调好的填充体系统可以授权经过专业训练的一方来代替多方安装。

3.5.2（c）　自由安装和拆卸的制造与设计

在许多面向消费者的行业中，免费组装和拆卸的制造与设计已经获得了利用工业化制造的好处。在住宅产业中，这种潜力仍未开发出来。尽管如此，为了使不同制造商提供的产品具有互换兼容性，迫切需要发展制定住宅用子系统的标准。开放式建筑为标准制定提供了一种合理的方法，这将消除具有严密接口的产品中因尺寸和性能标准竞争引起的不兼容性。

"直插式"部品的发展将极大地推动房地产行业。此类具有高度互换"通用性"的产品也可产生更高的再利用价值。拥有高效、低成本、可持续性的组装部品，再加上可再利用的高附加值，用户在不需要或很少借助专业干预的情形下，可以享受更高的自由度来安全地重新组装部品。

3.5.3　开发的策略

3.5.3（a）　在降低风险的同时增加财产价值

公共建筑部件的快速退化与现场成本管理的缺失，代表了阻碍住房项目发展本质上的低效率。

住宅开发商在管理短期和长期风险方面付出了巨大的努力。他们的策略通常是限制和控制风险，同时保护和提高现有投资的未来价值。尽管作出了这样的努力，住宅的老化仍然需要高额的修缮和维护费。在许多国家和市场中，激励机制和传统鼓励在建筑物中进行短期投资决策的问题更加复杂化，而对于减轻过早恶化的长期影响却没有什么价值。建筑的公共部分往往每10年会有损坏或需要修缮。而实际上，建筑一般在20年后才进行第一次的工程维修。

　　将填充物与基础建筑物区分开来是有效的，并且是大型项目的良好投资策略，尤其是在技术工人短缺且高质量建筑的市场需求高的情况下。甚至当允许居住人按喜好定制住宅单元还不是具体的目标时，按层级将建筑分离也可以更紧密地控制建筑过程，降低现场人工成本并总体上提高质量。相反，当大型复杂住宅建筑集中在单一层级管理时，项目流程将变得更加复杂，协调成本增加，质量控制也变得更难，决策的延迟使得原本该获得的评估价值的提高成为泡影。

3.5.3（b）　延迟投资决策
　　常规的方式中，为了准确地预测成本，住宅开发商及其市场顾问通常要求设计单元平面，并在制定项目备案前确定大多数替代方案。这通常发生在最终的单元出租或单元销售完成的几年之前。此时的开发流程要做到决策的延迟是很困难的。因此，包含多种住宅单元平面选择的支撑体在项目初期实际上就可以进行估值，就算最终住户的建造决策有延迟，开发商也已获得很大的利益。

3.5.3（c）　集合住宅开发条件的改善
　　在日本，筑波方式等举措应对了自置居所的高昂成本和推动土地利用的不利因素。在那里，"两阶段供给方式"与对土地供应问题的重大重新思考相结合。在这种情况下，开放建筑的目标包括建立新的土地所有权形式，并鼓励家庭长期地居住在集合住宅中。随着居住人的生活习惯和周期的改变，住宅单元也能相应变更而进行的这个设计，代表了朝着开放建筑目标努力的不可或缺的实践。

3.5.4   组织的策略

解散和分配控制权

在大型开发或建设项目中，没有任何一个实体可以有效地执行所有工作或具有成本效益。独立的分包商通常参加团队合作，竞争性的分包竞标在成本减少上是有利的。但是，在通常情况下，工作职责的分配却是异常困难。因此，灵活的施工管理受到了高度重视。开放建筑项目中，合理化的控制和责任的分配减少了冲突和混乱。

3.5.5   市场与策略

在工业化中重视消费者需求

小汽车、音响设备、电脑、家具等，都在国际性的消费文化中占据显著地位。通过更广范围的流通，并保证高品质、系统化、多样性和有竞争力的选择，这些以消费者为中心的产品从工业生产方式中获益匪浅。

住宅市场的下一个主要产品被认为是住宅用填充体系统。由于21世纪工业化和住宅的关系还没有很紧密，填充体系统尚未推广到全世界。几乎所有国家，私人或者公共团体定期都会尝试改善这一现状。例如，工业化住宅"单元"的生产以改善供应的数量和质量。不过，住宅工业对其他产业已经普遍推行的尖端生产技术会长期采取抵制的态度。

住宅供应的机制，从技术、社会性、组织性上来看都是复杂的。住宅比填充体系统最发达的办公建筑要更为复杂。其复杂程度可以和研究设施或医院匹敌。住宅的复杂性是由许多条件引起的：住宅的偏好、地域特点、建筑法规和传统、劳动力的社会组织、供应到户的基础设施服务技术、无法预测的房地产投资等。

尽管住宅到现在还以每个地区特有的方式建造，也越来越受到专业或者国际流行趋势在设计、风格、消费者产品和技术等相关方面的影响。住宅是拥有非常庞大消费者的生活必需品。但与此同时，住宅体现了共同持有的社会资产。这种本质上的二重性最初是由哈布瑞肯30年前的支撑体观念体现的。住房从未达到过与其他工业产品实现的消费者偏好的直接匹配。

相对提供消费者完整选择的代替方案，即为提供有限制的选择，如最小限度选择的平面系列的设计与开发等。这一系列模型，随着时间的推移，预计可以满足各种住户长期的、广泛的需求和爱好。推导出最适合的模型需要很长时间，而当项目投放市场时，无论是一种模型还是6种模型，能够真正适应住户需求的可能性也很低。当然，市场需求、人口统计和生活方式会随着时间的变化而转变，尤其是随着人口的老龄化，这种预定模型变得越来越过时。而传统的集合建筑方式，已经假设居民必须调整、忍耐，以适应由他人、为他人设计的配置。总之，通常最后的住宅是设计者、业主、居住者之间相互不满意的折中方案。

3.5.6　环境与可持续的策略

3.5.6（a）　建筑寿命化
由于开放式建筑项目的设计考虑了未来的变化，对于过时的住宅存量可以根据居住者喜好进行有效率的改造翻新，从而避免了由于部分建筑老化却要全部推倒重建的情况。

3.5.6（b）　应对变化
随着时间的流逝，建筑通常都会容纳多种用途。同样，集合住宅存量建筑在一部分使用周期中，也会经历频繁的承租人替换。所以，当各住户有很大的自主性时，为应对喜好改变和技术要求的调整是最容易的，并且可以在主系统仍然有用的情况下更换每个子系统。

3.5.6（c）　多样性
长期以来，住宅的多样性不断增加，是可持续性建筑环境的历史

57

特点。相反，传统的集合住宅往往根据市场限度将套型选择降到最低，然后用混凝土建造，或是陷入混乱的技术体系。由于住宅产业对具有复杂社会性的多层建筑的可变性还认识不清，因此这些住宅的填充体被设计为固定的。由于每个住宅套型的构成、平面、配置均使用预先确定的设计手法，让设计、优化、金融、技术、施工变得简单，但也让住宅构成或平面的未来变更变得艰难。

均一性和刚性并不是从子系统的工业化中产生的，而是来自大规模住宅生产商的中央组织结构。开放建筑并不是以抽象的"市场"作为目的（或者是满足均一的空间和设备标准），而是针对每一户居住者、为了让居民本身进行设计成为可能。这样便形成了一种具有一致性的体系结构，并结合了住房形式，收入和家庭构成方面的多样性。

3.5.6（d） 长期与短期的要素

建筑物长期的质量和物理要素，在大多数情况下，代表长期的社会价值和投资，还对城市的可持续性和环境的一贯性作出了贡献。短期的物理要素表现了个体价值，反映个人或团体的喜好、关心以及投资方式。短期投资就像名字一样会被快速消耗或需频繁更新。在"一次性用品文化"的环境中实现可持续性的发展，要从理解建筑部品或系统的相对寿命开始。

3.5.7   协调的策略

影响和冲突的最小化

开放建筑的协调方式基于基本原则和方式。建筑和其变化的能力是由技术、施工、社会的控制等级和依赖度所决定。例如，一个建筑的室内承重墙是依靠下层的墙壁或柱子。当然，不得移动其下方的墙。考虑施工中的优先顺序的话，现场植入的管道和电气箱必须在浇筑混凝土之前全部安装完成。从社会体系考虑的话，如果整个建筑共用的暖气管道经过个人住宅单元，那么建筑的管理者需要保有维护那些管道的权利。商品房中，多户住宅所用的电线从室内分隔墙的石膏板表面后经过，需要在法规上注明这个对应的墙壁禁止钉钉子或钻孔。

从技术、建设、社会三个方面，埋入式技术在整个建筑使用寿命内会限制承租人的自由。比如，当在楼板、墙洞、楼面间隙等地方穿插建筑结构、水管、管线等设施的时候，这些在集合住宅中的技术应用反而强化了上述的限制。在技术、建设、社会三个层面产生协同或者冲突问题。

开放建筑在特定的层级内或跨层级内可以将未预期的控制层级最小化，同时也能尽量减少协调中的冲突。相邻单元之间影响的最小化，保证了各个住宅单元新的施工和改造只会影响支撑体和正在施工的单元。为了进一步减少单元内子系统之间的相互影响，需要以正确的顺序组装、模数化的协调以及采用标准化接口。

为了尽量减少住宅单元内支撑体层级大多数人和利益团体的冲突，必须合理化物流管理、工程顺序、作业范围的定义。材料也只能在确定的时间到达施工现场。这些材料必须由最少数量的、相互协调的行业和承包商轻松组装它们，从而减少其来往施工现场的次数。减少每个项目的人员（协调施工团队以支撑体的范围为单位，而不是整个楼层为单位建造），也防止了物流问题的发生。尤其是，可以防止因为某个住户填充体的改变而影响所有的供应。

3.6 结论

开放建筑第一部分简要概括了开放建筑的入门。本部分的结论中列出了广泛的一般阅读清单，供进行更深入的研究。

开放建筑的历史、理论、研究和实践是多样并不断发展的。住宅类开放建筑由于汇集来自各种研究领域的成果，并不是原则、信念、目标或技术标准化的集合。然而，出于各种各样的理由，全世界的住宅结构开始以相似方式建造。本节简要说明了各开放建筑实践之间目标、研究方式、手段、策略的共性。

　　在第二部分中，我们介绍了一些项目的案例研究。它们代表了过去35年来开放建筑论在住宅设计与实践中的重要里程碑式发展。

— 注释 —

1　SAR的历史和它在应用住宅研究中的作用，由SAR在2001年出版。Koos Bosma，Dorine Van Hoogstraten and Martijn Vos，*Housing for the Millions*: *John Habraken and the SAR 1960-2000*（Rotterdam：NAi Publishers，2001）。

2　是包含所有SAR项目在内最早期的支撑体设计的电脑工具的开发，最早电脑辅助住宅设计的尝试之一（Gross，1998）。

3　"Yuumeiku"，项目的日语名称，由三个词合成："you make"（你自己动手）、"yume"（梦想）、"iku/ikiru"（实现）。

4　已实现的大部分S/I项目，公共机构建造支撑体，同时也提供填充体。

5　在美国，公共住宅占所有住宅中相对较小的比例。

6　有关更多层级的详细讨论，可以参考哈布瑞肯（1998）。

7　SAR 65代表了将设计方案按容量换算、系统地进行评价的一种方法。后来哈布瑞肯针对实践给出了更多的细节（1976）。*Variations*：*The Systematic Design of Supports*。Habraken's Tools of the Trade：Thematic Aspects of Designing（1996）进一步明确地区分出功能和容量。

— 参考文献 —

基础文献

Bosma, K. (ed), van Hoogstraten, D. and Vos, M. (1999) *Housing for the Millions*: *John Habraken and the SAR, 1960-2000*. NAi, Rotterdam.

Carp, J. (1985) *Keyenburg*: *A Pilot Project*. Stichting Architecten Research, Eindhoven.

Dluhosch, E. (principal researcher) (1976) *IF(Industrialization Forum)*, *Systems Construction Analysis Research*. Published jointly at Montréal, Harvard, MIT and Washington University. 7 no. 1.

Habraken, N.J. (1999) *Supports*. Second English Edition, (ed J.Teicher) Urban

International Press, London.

Hamdi, N. (1991) *Housing Without Houses: Participation, Flexibility, Enablement.* Van Nostrand Reinhold, New York.

Kendall, S. (ed). (1987) Changing Patterns in Japanese Housing. Special issue, *Open House International.* **12** no. 2.

Proveniers, A. and Fassbinder, H. (n.d.) *New Wave in Building: A flexible way of design, construction and real estate management.* Eindhoven University of Technology, Maastricht, Netherlands.

Turner, J.F.C. (1972) Supports and Detachable Units. Special Edition , *Toshi-Jutaku.* September.

Turner, J.F.C. (1979) Open Housing. Special Edition , *Toshi-Jutaku.* January,

van der Werf, F. (1980) Molenvliet-Wilgendonk: Experimental Housing Project, Papendrecht, The Netherlands. *The Harvard Architectural Review.* **1** Spring.

Wilkinson, N. (ed). (1976-present) *Open House International.* London.

延伸阅读

Andrade, J., Santa Maria, R. and Govela, A. (1978) Transformacion de un Entorno Urbano: Santa Ursula 1950-1977. *Architectura y Sociedad.* **1** no. 1.

Bakhtin, M.M. (1981) *The Dialogic Imagination: Four Essays by M.M.Bakhtin.* (ed M. Holquist, and trans C.Emerson and M.Holquist). University of Texas Press, Austin, Texas.

Beisi, J. and Wong, W. (1998) *Adaptable Housing Design.* Southeast University Press, Nanjing.

Brand, S. (1994) *How Buildings Learn: What happens after they're built.* Viking, New York.

Cuperus, Y. and Kapteijns, J. (1993) Open Building Strategies in Post War Housing Estates. *Open House International.* **18** no. 2. pp. 3-14.

Fukao, S. (1987) Century Housing System: Background and Status Report. *Open House International.* **12** no. 2. pp. 30-37.

Gann, D. (1999) *Flexibility and Choice in Housing.* Policy Press, UK.

Gross, M. (1998) Computer-Aided Design. *The Encyclopedia of Housing* (ed Van Vliet) Sage, Thousand Oaks, Calif.

Habraken, N.J. (1964) The Tissue of the Town: Some Suggestions for Further Scrutiny. *Forum.* **XVIII** no. 1. pp. 23-27.

Habraken, N.J. (1964) Quality and Quantity: the Industrialization of Housing. *Forum.* **XVIII** no. 2. pp. 1-22.

Habraken, N.J. (1968) Housing–The Act of Dwelling. *The Architect's Journal.* May. pp. 1187–1192.

Habraken, N.J. (1968/69) Supports: Responsibilities and Possibilities. *The Architectural Association Quarterly.* Winter, pp. 29-31.

Habraken, N.J. (1970) *Three R's for Housing.* Scheltema en Holkema, Amsterdam.

Habraken, N.J. (1972) Involving People in the Housing Process. *RIBA Journal.* November.

Habraken, N.J. (1971) You Can't Design the Ordinary. *Architectural Design.* April.

Habraken, N.J. (with Boekholt, Thyssen and Dinjens). (1976) *Variations: The Systematic Design of Supports.* MIT Press, Cambridge, Mass.

Habraken, N.J. (1980) The Leaves and the Flowers. *VIA, Culture and the Social Vision.* MIT Press, Cambridge, Mass.

Habraken, N.J. (1986) Towards a New Professional Role. *Design Studies,* 7 no. 3. pp. 139–143.

Habraken, N.J. (1988) *Transformations of the Site.* Awater Press, Cambridge, Mass.

Habraken, N.J. (1994) Cultivating the Field: About an Attitude when Making Architecture. *Places.* **9** no. 1. pp. 8-21.

Habraken, N.J. (1996) Tools of the Trade. Unpublished lecture, MIT Department of Architecture.

Habraken, N.J. (1998) *The Structure of the Ordinary: Form and Control in the Built Environment.* (ed J.Teicher). MIT Press, Cambridge, Mass.

Habraken, N.J. with Aldrete-Haas, J.A., Chow, R., Hille, T, Krugmeier, P., Lampkin, M., Mallows, A., Mignucci, A., Takase, Y., Weller, K., and Yokouchi, T. (1981) *The Grunsfeld Variations: A Demonstration Project on the Coordination of a Design Team in Urban Design.* MIT Laboratory for Architecture and Planning, Cambridge, Mass.

Hasegawa, A. (ed). (1994) Next21. Special issue, *SD (Space Design) 25.*

Herbert, G. (1984) *The Dream of the Factory-Made House: Walter Gropius and*

Konrad Wachsmann. MIT Press, Cambridge, Mass.

Kendall, S.H. (1986) The Netherlands: Distinguishing Support and Infill. *Architecture.* October. pp. 90-94.

Kendall, S.H. (1988) Management Lessons in Housing Variety. *Journal of Property Management.* September/October. pp. 22-27.

Kendall, S.H. (1990) Shell/Infill: A Technical Study of a New Strategy for 2x4 Housebuilding. *Open House International* **15** no. 1. pp. 13-19.

Kendall, S.H. (1993) (with MacFadyen, D.) Marketing and Cost Deferral Benefits of Just-in-Time Units. *Units.* March. pp. 37-41.

Kendall, S.H. (1993) Open Stock. *The Construction Specifier.* May. pp. 110–118.

Kendall, S.H. (1993) Open Building: Technology Serving Households. *Progressive Architecture.* November. pp. 95–98.

Kendall, S.H. (1994) The Entangled American House. *Blueprints.* **12** no. 1. pp. 2-7.

Kendall, S.H. (1995) Developments Toward Open Building in Japan. Silver Spring, Md.

Kendall, S.H. (1996) Open Building: A New Multifamily Housing Paradigm. *Urban Land.* November. p. 23.

Kendall, S.H. (1996) Europe's Matura Infill System Quickly Routes Utilities for Custom Remodeling. *Automated Builder.* May. pp. 16-18.

Lahdenperä, P. (1998) *The inevitable change: Why and how to modify the operational modes of the construction industry for the common good.* The Finnish Building Center, Helsinki.

Pehnt, W. (1987) *Lucien Kroll: Buildings and Projects.* Rizzoli, New York.

Tatsumi, K. and Takada, M. (1987) Two Step Housing System. Changing Patterns in Japanese Housing (ed S.Kendall). Special issue, *Open House International.* **12** no. 2. pp. 20–29.

Tiuri, U. (1998) Characteristics of Open Building in Experimental Housing. *Proceedings/Open Building Workshop and Symposium.* (ed S.Kendall). CIB Report Publication 221, Rotterdam.

Trapman, J. (1957) Tall Constructions in Oblong Blocks. *Bouw.* March 15. Also (1964) *Forum.* **4.**

Turner, J.F.C. (1977) *Housing by People: Towards Autonomy in Building*

Environments. New York: Pantheon Books.

Utida, Y. (1977) *Open Systems in Building Production.* Shokoku-sha Publishers, Tokyo.

Utida, Y. (1994) Aiming for a Flexible Architecture, *GA Japan 06.* January–February.

Utida, Y., Tatsumi, K., Chikazumi, S., Fukao, S. and Takada, M. (1994) Osaka Gas Experimental Housing Next21. *GA Japan 06.*

Utida, Y., Tatsumi, K., Chikazumi, S., Fukao, S. and Takada, M. (1994) Next21. Special Issue, *SD (Space Design)* . no. 25.

Ventre, F.T. (1982) Building in Eclipse, Architecture in Secession. *Progressive Architecture.* **12** no. 82. pp. 58–61.

Vreedenburgh, E. (ed). (1992) *Entangled Building...?* Werkgroep OBOM, Delft.

Yagi, K. (ed.) (1993) Renovation by Open Building System. *Process Architecture 112: Collective Housing in Holland.* September.

第二部分

近年来已建成的
开放建筑项目

第4章 案例研究

67

1966年　新期望住宅（Neuwil）..61

1974年　医学院学生宿舍（Maison Médicale Student Housing，"La Mémé"）....................64

1976年　明日住宅（Dwelling of Tomorrow）..68

1977年　贝弗华德市区项目（Beverwaard Urban District）...72

1977年　施泰伦堡Ⅲ期项目（Sterrenburg Ⅲ）...74

1977年　帕彭德雷赫特项目（Papendrecht）..77

1979年　PSSHAK/阿德莱德路项目（PSSHAK/Adelaide Road）.......................................82

1979年　哈瑟德维尔德项目（Hasselderveld）...86

1983年　鹤牧苑和鹤牧小镇（Estate Tsurumaki，Town Estate Tsurumaki）.....................90

1984年　凯恩堡项目（Keyenburg）...94

1985年　自由平面型租赁住宅（Free Plan Rental）...98

1987年　无锡支撑体住宅（Support Housing，Wuxi）..101

1989年　千里新城亥子谷两阶段供给住宅（Senri Inokodani Housing Estate Two Step
Housing）...104

1990年　传统民居/福尔堡改造项目（Patrimoniums Woningen/Voorburg Renovation Project）...107

1991年　戴维斯博登公寓项目（"Davidsboden" Apartments）...110

1993年　宇津木台生态村（Green Village Utsugidai）...113

1994年　班内尔公寓（Banner Building）...116

1994年　大阪未来21世纪项目（Next21）..120

1994年　管道-楼梯井体系的适应性住宅（Pipe-Stairwell Adaptable Housing）..............124

1995年　VVO项目（VVO/Laivalahdenkaari 18）..127

1996年　格斯珀尔滕·亨德里克·诺德住宅（Gespleten Hendrik Noord）........................130

1996年　筑波两阶段住房（Tsukuba Two Step Housing）...134

1997年　兵库百年住宅项目（Hyogo Century Housing Project）..138

1998年　吉田新时代住宅项目（Yoshida Next Generation Housing Project）....................141

1998年　佩尔格罗姆霍夫项目（The Pelgromhof）...144

1998年　HUDc KSI 98示范项目（HUDc KSI 98 Demonstration Project）...........................149

新期望住宅（Neuwil），1966年

68

沃伦（Wohlen），瑞士

图4.1 图片提供：Roger Kaysel

建 筑 师：万通建筑师事务所（Metron Architect Group）

业　　主：住房协会（Housing cooperative）

住宅单元：49个出租单元

支 撑 体：8层的混凝土板柱结构、预装楼梯、卫浴和厨房

填 充 体：可拆卸内部隔墙

这个8层楼高的集合住宅内部经过灵活分割形成了49个可出租的住宅单元。不仅所有单元尺寸统一，其室内楼梯、厨房、卫浴的大小、位置及部品也都一模一样。全部住宅单元开窗都是东西朝向。

住宅单元入口均与公共的中央走廊连接。浴室和厨房都在住宅单元的中部，没有直接的采光和通风。内部空间和立面相接处是统一尺寸的，也有相同的阳台空间。东西朝向的布局方式保证了住宅单元前后两面都有充足的日照。由于这些空间的质量、尺寸、采光都基本相同，起居室可以面向任何一个方向布置。

住房的内部布局可以由住户确定，并可以根据他们的喜好进行
更改。5种预制石膏板都存储在大楼的一个公共房间内，供住户使用。
它们的宽度为60cm或90cm，重量轻且易于移动。使用5种墙板中的任
何一种，都可以按照30cm的网格分割空间。为了帮助完成此过程，建
筑师们还准备了《我的公寓就是我的城堡》（*My Flat is My Castle*）的
用户手册，包含易于阅读的设计图纸和说明图解的以下三部分：

第一部分：家庭寻找城堡记。此部分介绍了假设居住时间超过10
年，家庭需求的变化以及对应平面的布置方式。内容包括文字描述、
草图和公寓模型照片。

第二部分：公寓空间分隔指南。此部分向住户介绍了墙体构件以
及安装方式与成本管理策略。

第三部分：公寓分隔平面案例。此部分列举了样板平面中多样的
空间分隔可能性。每个案例都配有住户家庭结构以及空间功能特点的
简短介绍。在每个平面图中，粗线表示支撑体，也就是住户不能移动
或者改变的部分；细线代表家具和可以移动的墙体；虚线代表墙体可
能装配的位置。

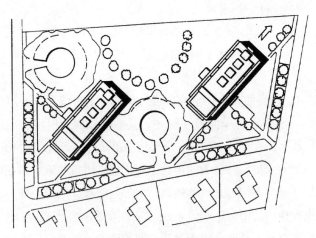

图4.2 总平面图（制图：Hans Rusterholz，
Alexander Hens；图片提供：Metron Architects）

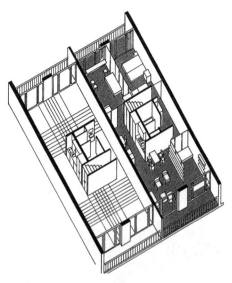

图4.3　可自由改变的分隔墙及住宅单元示例
（制图：Hans Rusterholz，Alexander Hens；图片提供：Metron Architects）

图4.4　正在安装分隔墙的住户（图片提供：Metron Architects）

71 ## 医学院学生宿舍（Maison Médicale Student Housing，"La Mémé"），1974年

天主教鲁汶大学（Catholic University of Louvain），布鲁塞尔，比利时

图4.5   图片提供：Office of Lucien Kroll

建 筑 师：吕席安·克罗尔城市规划·建筑·信息科学研究会（Atelier d' Urbanisme，d'Architecture et d'Informatique Lucien Kroll）

业   主：天主教鲁汶大学（Catholic University of Louvain）

住宅单元：20套公寓、60套单身公寓、供单身学生使用的200个房间、组合成公寓的200个单人房间、含18个房间的6个公共活动房屋及公共空间

支 撑 体：混凝土板柱结构、可拆卸的幕墙立面、混凝土楼板内预埋部分电线及管道

填 充 体：可拆卸隔墙

学生宿舍是吕席安·克罗尔（Lucien Kroll）设计的40000m²的建筑综合体的一部分。整个项目包括已婚学生公寓、宗教设施、一家餐馆、一所小学、一座剧院和一个地下火车站。当天主教鲁汶大学决

定将医学院从鲁汶搬到布鲁塞尔时，学生们及其医学院（La Maison Médicale）便聘请克罗尔的公司为其设计新的学生宿舍。克罗尔和他的团队接受了邀请，在委托人以及未来居住者直接参与之下设计了这个社交区域。建筑师力求使住宅的差异最大化以避免重复性，同时努力保留了场所精神及地区活力（genius loci）。

　　高度组织和模数化建筑平面和立面中，无秩序的外观令人耳目一新。平面布置和立面都使用SAR的10/20cm网格带进行协调。承重结构和固定的设备排布在20cm模数网格带内。分隔墙等其他可拆卸的构件位于10cm条带中。结构采用无梁楼板和以90cm倍数为间距排列的结构柱（wandering column）作为支撑。立柱的位置远离立面，保证了立面设计自由不受构件影响。克罗尔说，这些柱子"形成了一个在边缘处互相支撑的方形或者长方形伞状拼图……规则的柱子保证了一贯性，而不规则的柱子则促进了灵感的产生。"电线、水管、暖气管被置于（稍厚的）楼板中。该结构经久耐用，而填充体则需要定期更新或更换。因此，填充体是由工业化部品组成的、可置换的系统。

　　可移动隔墙由矿棉芯加上石膏板制成，所以它在保温隔热的同时还能够自承重。混凝土制成的平坦顶棚使移动隔墙可以十分容易安装，通过插槽将隔墙板贴紧顶棚即可。不需要时，住户不需要依赖专业施工人员自己便可将隔墙拆除。窗户（包括窗框在内）以30cm为基本模数进行设计，窗框采用不同的色彩，以强调不同构件的特征标识。另外，卫浴设备和厨房在此打包成组并固定为支撑体的一部分。

72

图4.6　图片提供：Office of Lucien Kroll

图4.7　立面细部（图片提供：Office of Lucien Kroll）

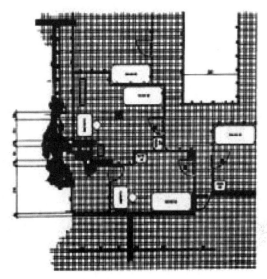

图4.8 使用10/20cm SAR网格的建筑平面图（图片提供：Office of Lucien Kroll）

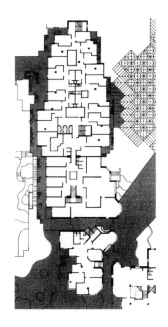

图4.9 总平面图（图片提供：Office of Lucien Kroll）

74 明日住宅（Dwelling of Tomorrow），1976年

霍拉布伦（Hollabrunn），奥地利

图4.10   图片提供：Office of Architect Professor Ottokar Uhl

建 筑 师：迪里沙梅尔（Dirisamer）、库兹米奇（Kuzmich）、乌尔（Uhl）、
　　　　　沃斯（Voss）和韦伯（Weber）
业　　　主：非营利住宅协会（Non-profit Housing Association）
住宅单元：70户
支 撑 体：（竞赛要求的）混凝土板体系
填 充 体：常规内装修

　　本案例是"明日住宅"竞赛的入围作品，并获得1971年奥地利住宅技术部颁布的一等奖，项目建成于1976年。项目在规划、设计、施工、交付的过程中，运用了开放建筑理论与方法。由于项目参与各方的传统角色被重新定义，SAR方法也被用以辅助各方交流。本项目的参与者包括政府人员、金融家以及专业人员，同时，居住者也全程参与了项目的所有阶段。

　　本项目制定了许多非标准化的条件，内容如下：

　　1. 允许决定的延迟——住户需要时间做决定；必须允许将来对于住宅的调整；随着时间的变化，住宅单元的大小可以变化。

2．建立了一种新的出售或出租合约，其中会规定住宅单元的尺寸和位置，但不会限制其平面布置。

3．计算租户成本的能力被确立为准居民参与的前提。

4．需要有关建筑和设备选择以及替代性空间规划布局的信息和咨询指导。

5．住户有权利参与规划和指导设计。

6．共同管理：住户的参与不会随着项目的结束而结束；住户一直能够保留参与社区管理运营的权利。

住户参与始于建设之初。住户、建筑师和住宅协会（Housing Association）的代表们会定期举行例会。会议中，未来住户会得到关于住宅单元类型、尺寸大小、平面布局可能性、预算、施工进度等方面的详细信息。为了方便在家进行讨论，每个住户都收到一张只有支撑体和竖向管井位置的空白平面图，而可能的平面布局样板只会在住户提出需要时提供。因此，每一个住宅单元的平面和立面都是不同的。施工期间，一个现场的微缩模型会实时更新，以便每个住户清楚地了解自己的住宅单元和整个项目环境的关系。

图4.11　项目推敲模型（图片提供：Office of Architect Professor Ottokar Uhl）

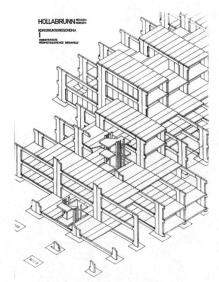

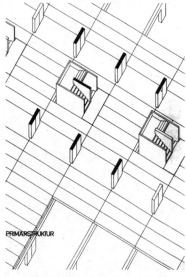

图4.12　支撑体结构图解（图片提供：Office of Architect Professor Ottokar Uhl）

图4.13　主要结构方案图（图片提供：Office of Architect Professor Ottokar Uhl）

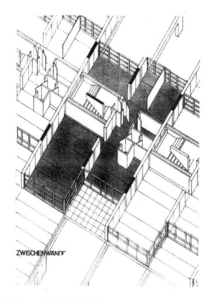

图4.14 支撑体细分方案图（图片提供：Office of Architect Professor Ottokar Uhl）

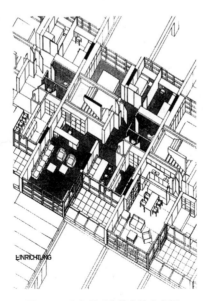

图4.15 几个单元的填充体方案图
（图片提供：Office of Architect Professor Ottokar Uhl）

78   贝弗华德市区项目（Beverwaard Urban District），1977年
鹿特丹（Rotterdam），荷兰

建 筑 师：RPHS建筑师事务所（RPHS Architects）
住宅单元：5000户（约12000人）

本项目是根据SAR 73原则对鹿特丹南部157hm^{2}农地的开发，目的是建设一个城区，包括约5000个住宅单元和相关公共设施、商店及办公楼。为了协调多方的决策制定，项目设计采纳了多种"肌理模型"（tissue models）。

城市规划方案旨在提高社会交往，加强场所与活动的联系。同时，还在于提升包括可识别性、亲近性和领域感在内的多种空间品质体验。项目通过将绝大部分住宅设计成接地的形式，尽量弱化大尺度、大规模规划所带来的负面影响。在贯彻执行关于公共和私有关系的详细规定的前提下，所有的住宅单元在几个已确立的地域特征内提供变化方案。因此，本项目进行城市设计的出发点是空间主题，而非程序化的功能规划。

首先，这些空间主题是在用地属性规划层级上确立的，指定了建筑和开放空间的相对位置以后，才会排布"主题性"和"非主题性"功能。接着，不同的建筑功能（购物区、办公、学校等）和开放空间功能（停车、主要和次级街道、公园等）会被分配到已建立的空间结构之中。

为了协调项目中所有建筑师的工作以及平衡项目的整体一致性和局部变化，项目研发了平面尺寸相互协调的不同城市肌理模型。与三维的城市建筑形态相关的规范首次以图纸的形式纳入法律文件，而不是单纯以文字形式。随后，许多独立建筑师参与设计了整个城市肌理中的一部分。在符合整体肌理秩序的前提下，每一个部分都有其自身的风格、方案、套型尺寸、特点和细部。

项目建成后，贝弗华德市区形成了由林荫道、街道、广场、小

巷、运河、出入口、庭院、公园等要素组成的连续的肌理。住宅、商铺、办公和其他常规的城市功能不是彼此分离的，而是相互交织于连续的城市空间结构之中。

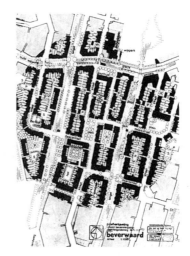

图4.16 鹿特丹南部地区总平面图（图片提供：RPHS Architects）

图4.17 总平面细部解析：与场地融合的肌理模型（图片提供：RPHS Architects）

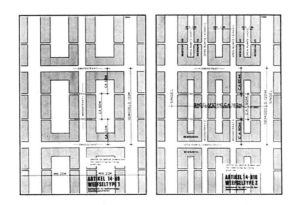

图4.18 展示基本街区类型和尺寸规则的两个肌理模型（图片提供：RPHS Architects）

80   施泰伦堡Ⅲ期项目（Sterrenburg Ⅲ），1977年
多德雷赫特（Dordrecht），荷兰

图4.19   图片提供：De Jong，Van Olphen，Architects

建　筑　师：德·琼+范·奥尔芬（De Jong and Van Olphen）

业　　　　主：多德雷赫特-兹维恩德雷赫特住宅协会（Dordrecht-Zwijndrecht
　　　　　　　Housing Association）

住 宅 单 元 ：402户

支撑体建造：隧道模板现浇混凝土、预制木结构单元立面

填充体供应：布鲁因泽尔填充体系统（Bruynzeel Infill System）

　　该项目旨在根据多方客户（包括一个住宅协会和两个市政当局）的需求，最大限度地提高用户参与度。其支撑体可容纳402户住宅单元，包括两个类别：中高层住宅单元（121户）和联排住宅单元（281户）。联排住宅又进一步分为三种类型：坡屋顶、平屋顶和不对称屋顶。所有的住宅单元都具有相同的平面尺寸，进深9.6m，面宽5.4m。

　　住宅街区的相互连接形成了丰富的肌理轮廓，也使得多样化的规划布局成为可能。此外，屋顶形式的不同带来了一部分住宅单元容量

（体积）的不同。在中高层住宅单元中，交错的露台也组织出多种类型的单元。在所有的住宅单元类型中，支撑体提供了内部楼梯位置、设备读数仪表、竖向设备管井以及立面上的标准化尺寸窗洞。

建筑师设计了10种可选的户型。此后，在形成标准过程中，其中一个户型平面被指定为确定住宅基本价格的"标准版本"（standard version）。不同平面住宅单元的价格，通过总量上一定的增加或减少来计算。提供住房补贴的政府部门来计算年度房租退税和标准住宅单元的总成本。

支撑体包括带装饰的墙板、顶棚、楼板、山墙和屋顶，以及为设备管道和楼梯预留的标准化洞口。楼板中有一个加厚的混凝土面层，里面排布了导线管与各户散热器相连的中央供热管道。许多设计和技术上的决策和细部使得住宅单元今后易于延伸扩展。为了实现支撑体和填充体分离的经济可行，填充体系统和各方协调的高额投资成本与支撑体施工阶段劳动力节省的成本总体上达到了平衡。

填充体内的组装套件由隔墙、门、厨卫及机械设备构成。套件是预制的，由木质隔墙框架、框架连接件和面板构成，是一种"工业化部品"。同时采用明装电线槽，沿着墙面布线而无须预埋楼板之中。运用了模数协调的方法，确保了产品和接口间的相互兼容。同时，为了避免以往不同工种多次到现场交接考察的混乱状况，布鲁因泽尔（Bruynzeel）公司为填充体的安装准备了一个多工种的团队来负责施工装配。

图4.20 项目总体模型（图片提供：De Jong and Van Olphen，Architects）

82

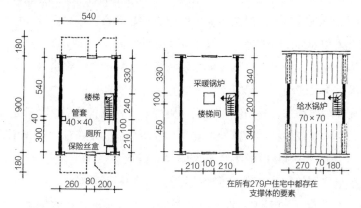

图4.21 支撑体平面图（图片提供：De Jong and Van Olphen，Architects）

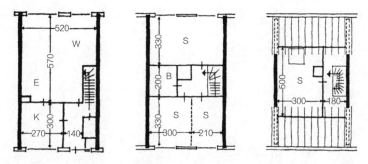

图4.22 住宅单元的多种类型（图片提供：De Jong and Van Olphen，Architects）

帕彭德雷赫特项目（Papendrecht），1977年

83

莫利维利特（Molenvliet），荷兰

图4.23 图片提供：John Carp

建　筑　师：弗兰斯·范·德·韦尔夫（Frans Van der Werf）、KOKON工
　　　　　　作室（Werkgroep KOKON）

业　　　　主：帕彭德雷赫特住宅协会（Housing Association of
　　　　　　Papendrecht）

住 宅 单 元：124户出租，4个办公空间

支撑体建造：隧道模板现浇混凝土、楼板预留竖向设备管道井和内部楼梯洞
　　　　　　口；装配式立面

填充体供应：荷兰传统室内施工方式

　　该项目是一个以30户住宅/hm²的密度进行的2800户住宅竞赛的获
胜者，其凭借城市设计、建筑设计和参与式决策过程的综合优势而获
胜。方案基于四个环境层级，包括总体城市规划、肌理（城市设计）
规划、支撑体以及填充体。其中一些基本设计概念来源于克里斯托
弗·亚历山大（Christopher Alexander）的《建筑模式语言：城镇·建
筑·构造》（*A Pattern Language：Towns·Buildings·Construction*）。

该项目的124户单元2~4层高的建筑，以鲜明的坡屋顶形象，面向围合庭院布置，形成街区。绝大部分的住宅单元可以通过某一个庭院进出，其后院或屋顶露台面朝另一个相邻的庭院布置。所有庭院均禁止机动车通行。

在该项目中，支撑体由高标准的现浇混凝土框架结构组成。在每个独立单元内部，都为竖向设备与楼梯预留了楼板开口。为了保证住宅单元的多样化与可变性，支撑体结构构件的位置是通过一系列容量研究（capacity studies）确定的。可重复利用的钢制隧道模板（Tunnel forms），通过起重机固定和移动来进行支撑体结构的施工。混凝土墙体间的间距一般按常规布置，在保证施工迅速高效的同时，也允许单元组合的多变。预制的木质立面框架作为支撑体的一部分进行施工装配。由于典型的中世纪荷兰运河住宅立面是由一系列组合木框架构成的，因此这种预制的木质立面框架也可以说是经典的进化版。

填充体的布置方式是在确定每个单元所需面积或将支撑体分户之后来决定。填充体的设计犹如后期的室内装修，采取用户参与的方式展开。从最初粗略的草图到最终的图纸，在不同的设计阶段，每家住户都能单独和建筑师面对面进行交流。当居住者同意并签字后，图纸就会转为最后的施工图。各个住宅单元的填充体包括：室内分户墙、门、装饰和饰面；浴室柜及其设备；橱柜及其设备；单元的机电设备；壁柜，以及组装到支撑体立面构架中的窗门。

该项目融入了荷兰城市住宅的许多传统元素，譬如坡屋顶、木窗、面向庭院开启的门；还有体现混合功能的医疗所、小商铺或商务办公空间，甚至还有摩托车零件商店。此外，该项目还证明以下两个方面的成功：即使在多户集合住宅中，住宅单元的特色和多样性仍可以在建筑外观上有效地体现出来；居民与设计师一起来决定窗框的颜色和个性化的室内布置。

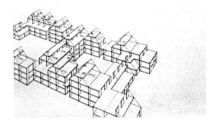

图4.24 支撑体结构体系
（图片提供：Frans Van der Werf）

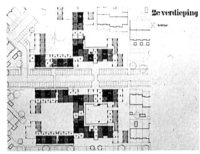

图4.25 支撑体2层单元分配（显示分户墙）平面图（图片提供：Frans Van der Werf）

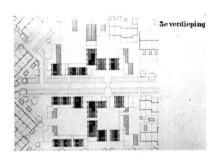

图4.26 支撑体3层单元分配（显示分户墙）平面图（图片提供：Frans Van der Werf）

图4.27 项目鸟瞰（图片提供：Michel Hofmeester，AeroCamera BV）

86

机动车道

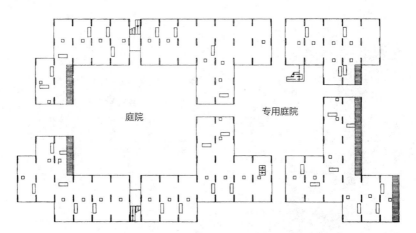

图4.28   分户前的支撑体平面图（图片提供：Frans Van der Werf）

机动车道

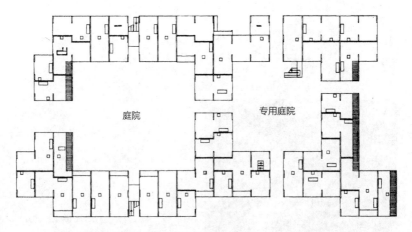

图4.29   分户后的支撑体平面图（图片提供：Frans Van der Werf）

87

机动车道

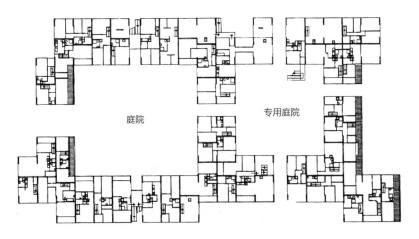

庭院   专用庭院

图4.30 置入填充体后的支撑体平面图（图片提供：Frans Van der Werf）

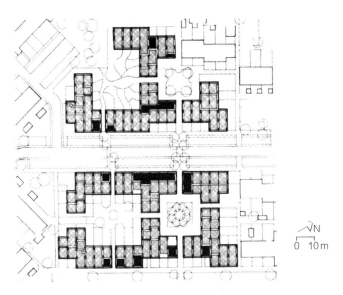

√N

0 10m

图4.31 显示庭院、停车、非住宅用途的总平面图（图片提供：Frans Van der Werf）

88   **PSSHAK/阿德莱德路项目（PSSHAK/Adelaide Road），
1979年**

伦敦，英国

图4.32   图片提供：Stephen Kendall

建　筑　师：大伦敦议会建筑局［Greater London Council（GLC）Architecture
　　　　　　 Department］、主持建筑师纳比尔·哈姆迪和尼古拉斯·威尔金森
　　　　　　（Nabeel Hamdi and Nicholas Wilkinson，architects-in-charge）

业　　　　主：大伦敦议会（Greater London Council）（原业主）

住宅单元：45户

支　撑　体：竖向结构为砖墙/砌体墙、横向结构为混凝土板；集中供暖

填　充　体：布鲁因泽尔组件系统（Bruynzeel component system）

　　　　PSSHAK是主要系统支撑体和住宅装配式组件（Primary Systems
Support and Housing Assembly Kits）的简称。提出一个适应性、灵活性
方式的同时，PSSHAK提供了一个比普通大伦敦议会（GLC）规范能
够更好匹配住户需求的选择。

　　　　"斯坦福山"（Stamford Hill）作为首个PSSHAK项目（以其所处的
伦敦社区的名字命名）于1976年在伦敦竣工。第二个建成项目则是三

年后的阿德莱德路（Adelaide）项目。位于伦敦卡姆登的这个开放建筑
住宅组团包括45个住宅单元。除了许多规划以及在施工上的创新之外，　　89
这两个项目的细部和总体外观上不同于传统的表达，都比较简单明了。

　　阿德莱德路项目的这8栋3层高的建筑均设有路旁停车位。地面层
的住户可以直接进入，上层的住户可以通过画廊式的公共楼梯进入。
支撑体由传统的混凝土楼板和砖墙构成。为了安装竖直方向的服务设
备、设置跃层住宅内部的室内楼梯以及木质楼板、楼板预留空洞。支
撑体包括所有室外的门、窗、公共楼梯、屋顶和主要的机械设备。每
个支撑体均适用于各种尺寸的单元，总共可以被合并成64个标准单元
（一居室和两居室单元）和32个更大的单元。

　　在项目的规划和设计阶段，住房管理局根据其标准程序选择了45
个租户。以12人为一组的租户与建筑师会面，以接受有关过程和部品
组件组装的指导。然后，他们花了两个星期的时间来创作自己住宅单
元的第一个设计方案。这些草图由充当"专业辅助者"的建筑师审核
后，进一步完成制图。同时，制造商与建筑师合作，将每个单元的部
品包维持在每个租户的预算允许范围内。最后，进行安装部品的配
货、运送，并以完全"干式"工法组装。

　　对住宅填充体而言，该项目采用建筑师团队研发的PSSHAK套件。
特别是，该体系包含了由荷兰布鲁因泽尔公司提供的一整套的装配式
部品。布鲁因泽尔填充体包括预制内墙系统、整体卫浴、厨房部品、
机电系统、门、饰板和饰面。

　　由于合同准备和施工手续的简化，缩短了设计和施工的时间，整
个项目成本仅略高于常规规划和建设。而它随后在现代化上节省的成
本被认为是很有意义的。入住后的租户很少会简单地尝试住宅单元内
的改变。尽管如此，对连续几代租户的调查结果始终显示出很高的满
意度。这个项目最近被私有化，这样一来，租户获得一定的补贴，可
以像购买公寓一样来购买自己住的单元。

90

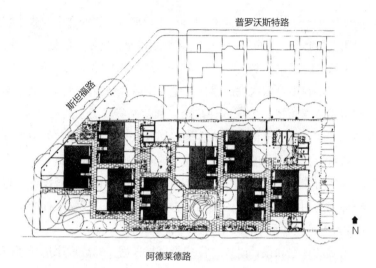

图4.33　总平面图：路边停车和建筑物之间的人行道（图片提供：Nabeel Hamdi）

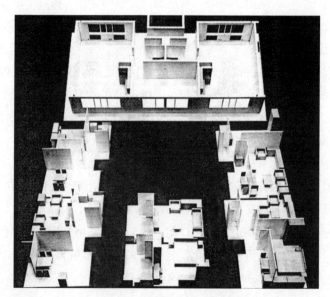

图4.34　支撑体与可变填充体系统的模型（图片提供：Nabeel Hamdi）

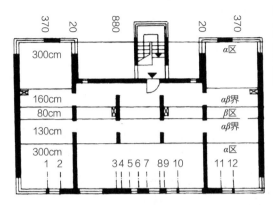

注释:
黑实线墙代表支撑体结构。
斜线墙代表可安装的局部墙。
细线墙代表"组件"(填充体
构件)。
数字(1,2,3,…,12)代
表设置内部隔墙的可能位置。

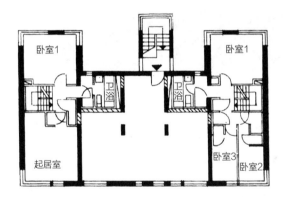

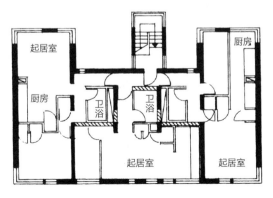

图4.35 标准支撑体住宅单元平面及可变住宅单元布置(图片提供:Nabeel Hamdi)

92 **哈瑟德维尔德项目（Hasselderveld），1979年**

格林（Geleen），荷兰

图4.36 图片提供：Bert Wauben Architects.

建　筑　师：伯特·沃本（Bert Wauben）

业　　　主：格林非营利住宅协会（Geleen Non-profit Housing Association）

住 宅 单 元：71户

支撑体建造：混凝土框架结构；砖材薄板

填充体供应：常规内装施工

　　该项目的目标是实现内部和外部可调节性高于平均水平的住宅。建筑师庞贝（Pompei）经过研究，提出了通道与庭院相结合的布局模式。对每个住宅单元来说，庭院为起居室和卧室提供了良好的景观视线，同时也成为可供未来住宅扩建的"边缘"（margin）余量空间。

　　总体规划的特点是在项目中心设置了一个包含儿童游乐设施的绿色区域。许多住宅环绕这个绿色空间布置。剩余的住宅位于禁止车行的庭院内，这些庭院都由步行道和中央绿地连通。在保有这些便利、舒适的同时，该项目也达到了比传统规划手法更高的密度。

　　在设计阶段，建筑师想让住宅实现变化的可能。单层住宅被布置到可提供不同户型的12、14、15个单元的2～4层的住宅区中。这个项目含有2层住宅区1个、3层住宅区1个和4层住宅区3个，共计71个住宅单元。这样的"中庭洋房"呈现了传统露台住宅的特点。二层住户可从坡道进入，71户中有60户可以做到同层入户。为营造出非常紧密的联系，起居室和卧室围绕在庭院周围。作为"最小单位的住宅"的变型方案，可选择搭配1、2、3个卧室，以及线形、L形或Z形起居室，经过组合，共开发了64个不同的平面户型。

　　经过数年，居民根据自身需求对住宅的平面、立面以及外部空间进行了改造。也正如预期那样，有些单元还向庭院扩建。

图4.37　图片提供：Bert Wauben Architects

图4.38　图片提供：Bert Wauben Architects

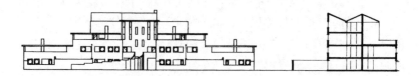

图4.39 建筑立面与剖面（图片提供：Bert Wauben Architects）

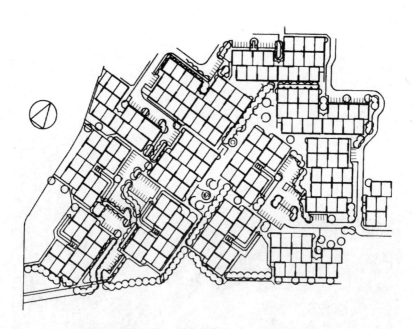

图4.40 总平面图 （图片提供：Bert Wauben Architects）

95

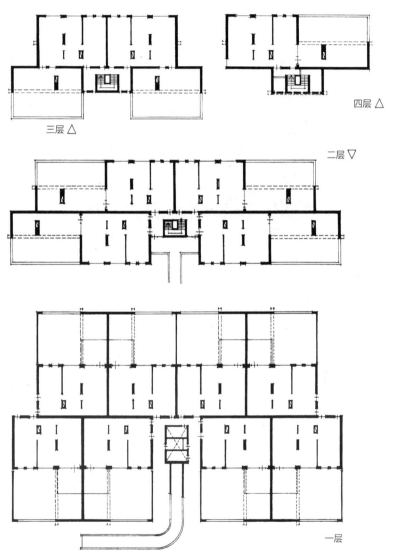

四层 △

三层 △

二层 ▽

一层

图4.41 一到四层支撑体平面图 （图片提供：Bert Wauben Architects）

96 鹤牧苑和鹤牧小镇（Estate Tsurumaki，Town Estate Tsurumaki），1983年

多摩新城（Tama New Town），日本

图4.42 总平面图（图片提供：Bert Wauben Architects）

建 筑 师：住宅都市整备公团（HUDc）+环综合设计（Kan Sogo Design Office）+综研设计所（Soken Assoc.）+Alsed建筑研究所（Alsed Architectural Laboratory）

业 　 主：住宅都市整备公团（Housing and Urban Development corporation）

住宅单元：鹤牧苑190户，鹤牧小镇29户

支 撑 体：现浇混凝土楼板、横墙承重

填 充 体：整体卫浴；架空地面；可移动隔墙；可移动碗柜；常规电路配线

这两个项目是1974年开始的KEP实验住宅（Kodan Experimental Project）研发的首批实践应用（参见第2.2.3节）。

鹤牧苑由一系列的无电梯的4层集合住宅构成，住宅单元平面面积在87～89m²之间。住宅都市整备公团（HUDc）为每个住栋都提供了大量的住宅平面参考。住户在入住后可通过移动隔断、储藏空间改变住宅的布局。1997年的一项研究调查显示，家庭成员构成的变化是

许多单元改变的原因。还有就是由于更换业主，下一个家庭改为适合自己的平面布置。

  随后，在紧邻的鹤牧小镇项目中，HUDc立即又开发了29套双层联排别墅。住户面积从99～105m²不等，每个别墅由2到4户组成。在所有住宅单元中，购买者可以从HUDc所提供的6种底层平面中任意选择；至于上层平面，也可以从自由平面型（All-Free）、半自由平面型（Semi-Free）、固定平面型（All-Set）中三选一。

97

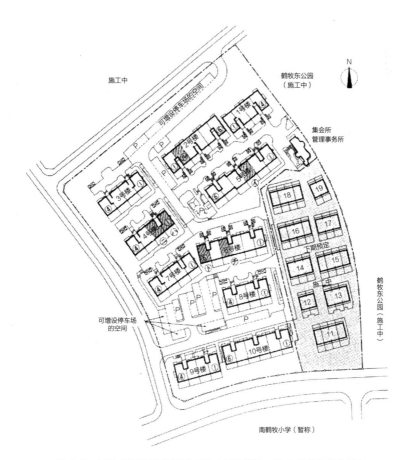

图4.43 两个项目阶段的总平面图（图片提供：住宅都市整备公团）

　　自由平面型中，第二层的内部是完全空置的。除了一个已安装好的厕所，连墙壁都没有粉刷，让购买者可以自由安排和细分空间。半自由平面型中，第二层的一半空间已由HUDc完成，而剩下的半边可以由住户操办。固定平面型中，整个第二层都由HUDc决定，由供应商完成。

　　此外，更多的选择与升级也是可能的。例如，厨房可以是标准的或也可以选升级的；可选用安装"更好生活中心"（BL，原日本住宅部品开发中心）认证的整体橱柜；可从大型选项菜单中选择各种饰面。最后，住户还可以在屋顶安装太阳能收集器。

98

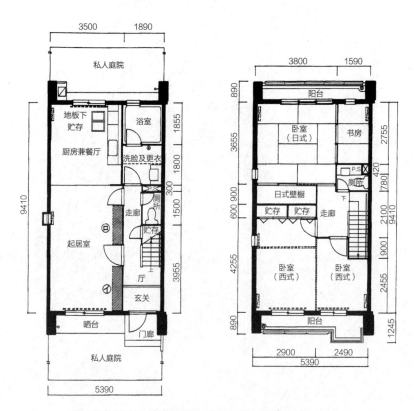

图4.44　可变住宅单元平面图（图片提供：住宅都市整备公团）

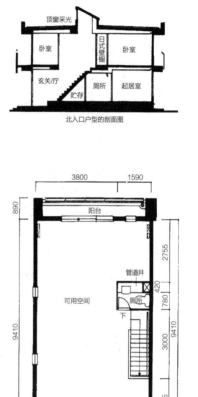

图4.45 建筑剖面与可变住宅单元平面图（图片提供：住宅都市整备公团）

100　凯恩堡项目（Keyenburg），1984年

鹿特丹，荷兰

图4.46　图片提供：Stephen Kendall

建 筑 师：弗兰斯·范·德·韦尔夫（Frans Van der Werf）、KOKON工作
　　　　　室（Werkgroep KOKON）
业　　　主：花园城南区住宅协会（Tuinstad Zuidwijk Housing Association）
住宅单元：152户
支 撑 体：隧道模现浇混凝土；楼板预留管道开口
填 充 体：奈胡伊斯（Nijhuis）4DEE系统，明装电线管

　　名为"花园城南区"（Tuinstad Zuidwijk）的大型住宅协会有兴趣
在鹿特丹凯恩堡（Keyenburg）区探索住宅建设和管理的新方式。在该
项目中，住户所指定的设备套件的总成本会决定租金的高低，降低成
本和增加个人责任感的激励措施就这样形成了。该项目致力于吸引不
同年龄和收入的人群，也同时保留和容纳想要较小公寓的现住居民。
　　该项目由4栋建筑组成，每栋4层，都围绕着一个大型中央绿地布
置。面对主要街道的建筑底层是商业出租空间，而次要街道边上的底
层则为公寓。支撑体是以满足住宅单元尺寸的多样化来设计的。项目

包括115户双人单元，32个单身公寓以及5个残疾人公寓。上层住宅单元通过每层的外走廊进入。外走廊与电梯和楼梯相接，具备足够的宽度来回应最初住户提出的可以置放座椅和种植绿植的愿望。窗框的颜色则由住户从建筑师提供的调色板中选择确定。101

支撑体是隧道模现浇混凝土结构，在隔热的预制木外墙框架上饰有砖饰面。每个开间都有一个竖向管道井位，其位置根据不同住宅平面适应性分析后得到优化和确定。填充体方面，为了让水平方向的排水管顺利延伸到竖直管道（同层排水），采用了带有在架空地面上安装浴室的奈胡伊斯（Nijhuis）的4DEE系统。这一体系让浴室可以自由定位。该项目同时还是基于SAR研究拟议的国家模块化协调标准的试验项目之一。该标准随后在荷兰被采用。

在住户和建筑师共同参与的设计过程方面，和其他建筑师在开放建筑项目中使用的方式相似。住房管理局向设计师提供了一份感兴趣入住且符合条件的潜在租户清单，要求他们每个人在支撑体中指定自己喜欢的位置。借助全面的实体模型，未来的租户可以画出自己单元平面的草图，并指定一些装饰和其他细部。建筑师将草图转化成电子稿并在计算机软件程序中进行渲染。最合适的材料选择完成后的计算机输出结果会立即告知租户，他们将与内装成本标准进行对照，然后可以准确地选择提高还是降低月租金。这样，可以在现场对设计的修订，包括设备选择的更改进行评估。最后，同一计算机程序根据最终批准的设计生成了更详细的技术图纸和材料数量调查信息。

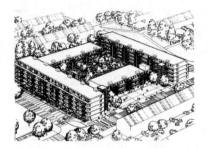

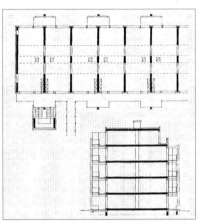

图4.47 项目俯瞰轴测图（图片提供：Frans Van der Werf/Werkgroep KOKON）

图4.48 支撑体平面图和剖面图（图片提供：Frans Van der Werf/Werkgroep KOKON）

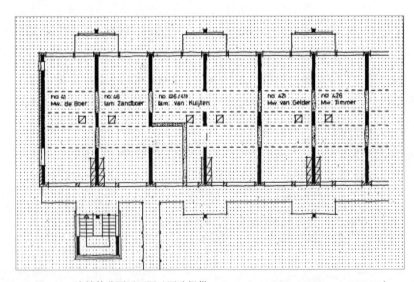

图4.49 支撑体分隔平面图（图片提供：Frans Van der Werf/Werkgroep KOKON）

103

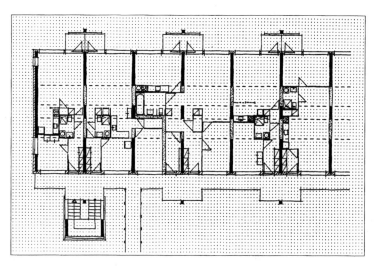

图4.50 住宅单元的填充体平面图（图片提供：Frans Van der Werf/Werkgroep KOKON）

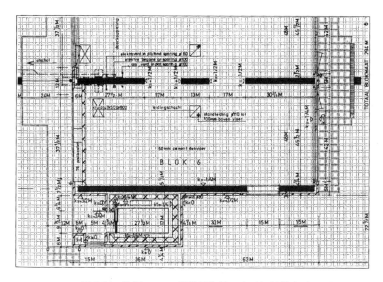

图4.51 使用10/20cm模数网格的一个开间的技术平面图（图片提供：Frans Van der Werf/Werkgroep KOKON）

104   **自由平面型租赁住宅（Free Plan Rental），1985年**

光之丘（Hikarigaoka），东京，日本

图4.52　图片提供：深尾精一

建 筑 师：住宅都市整备公团（HUDc）+环综合设计（Kan Sogo Design Office）

业　　　主：住宅都市整备公团（Housing and Urban Development corporation）

住宅单元：30户出租单元

支　撑　体：钢筋混凝土框架结构；楼板预留管道用槽

填　充　体：传统内装施工方式

百年住宅体系（CHS）开发过程当中，HUDc受到在荷兰实施的支撑体/填充体住宅的启发，开始了"自由平面型的租赁"的实验。共实现了两个项目，一个是1985年在东京，另一个是1988年在多摩新城。

第一个项目位于东京光之丘，由30个住宅单元组成，单元面积为 $61.5 \sim 71.5 m^2$。项目开工时，居住者对该项目的住户参与表现出较大的热情，有500户申请参与，最终从中选定了30户。HUDc拥有场地、支撑体以及公共管道井的所有权。住户仅有居住空间的租赁权，但拥有包括所有隔墙、装饰面层和户内机电设备的填充体的所有权。厨房和卫浴必须靠近固定的管道井布置，不过可以利用支撑体中预留的管道槽，将卫浴装在距管道井最远的1.5m之内。这一特点，生成了住宅

平面多样的选择。

项目备有三种住宅单元选择。第一种是"全自由空间类型"（Free Space Type），住户可以根据需要选择所有的填充体，并对其承担责任。第二种是"半自由空间平面"（Semi-Free Space Plan），住户只能决定其中一部分填充体。最后是"菜单式选择类型"（Menu Select Type），住户只能从给定的菜单中选择住宅布置方式。

105

HUDc还为第二个"自由平面型的租赁"多摩新城项目准备了3个选择。第一种选择是，如果租客购买了既定模型提供的"标准平面"填充体，HUDc将以固定价格建造。第二个选择是，HUDc将租户或者购买人介绍给填充体承包商，然后他们根据HUDc制定的设计手册指南，单独签约建造定制填充体。第三种选择则是，完全的DIY（Do-It-Yourself）建造方式，在这种方法中，HUDc的参与仅限于提供给住户需要遵循的设计指南。当住户搬出时，HUDc将会依照折旧清单、租赁合同规则、填充体设计以及填充体构件使用情况等多个方面，购买填充体或协助出售给新住户。

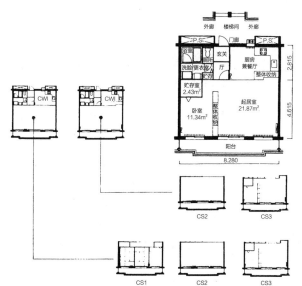

图4.53 住宅单元平面的选择菜单（图片提供：HUDc）

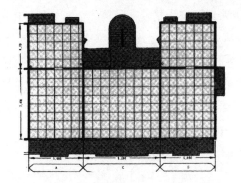

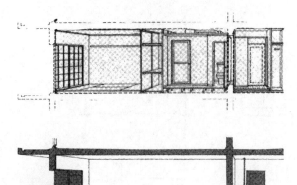

图4.54　支撑体、填充体的透视图、平面图和剖透视（图片提供：HUDc）

无锡支撑体住宅（Support Housing，Wuxi），1987年

惠峰新村（Hui Feng Xin-Cun），无锡，中国

图4.55 图片提供：鲍家声

建 筑 师：鲍家声（Bao Jiasheng）、无锡市房管局（Wuxi Housing
Bureau）

业 主：无锡市房管局（Wuxi Housing Bureau）

住宅单元：214户

支 撑 体：砖墙承重；中空混凝土楼板；位置固定的厨房和卫浴

填 充 体：居民利用现有的传统产品制造自己的填充体

该支撑体实验住宅位于无锡，是中国第一个开放建筑项目。其主
要目的在于：首先是促进住宅开发过程中的住户参与，其次研究使住
房能够随着时间的推移而适应不断变化的家庭需求的新方法。项目由
南京开放建筑研究与开发中心（COBRD）与无锡住房管理局共同合作
完成。COBRD负责场地规划和建筑设计，无锡住房管理局负责项目开
发，同时提供结构工程、机电工程系统的配置。

项目由11栋住宅建筑组成，包括9栋"退台"庭院式住宅和2栋
"别墅"住宅。庭院式住宅有4种标准平面可供选择，而3层高的别墅
住宅则有两种平面选择。83%的住宅楼栋均为4层以下，住宅单元的平

108 均面积为55.76m²。建筑结构采用传统的砖墙、空心混凝土楼板以及传统的瓦屋面，住宅室内装修也采用传统的施工方式。

每栋住宅由基本的"单元支撑体"组合形成，单元支撑体是一个Z字形的空间单元，构成一个家庭的居住空间。在单元支撑体中，设计师可以自由地划分公共、个人和设备空间，因此每个单元具有多样化的平面布局形式。同时采用公共楼梯和"插入式单元"（plug-in-units），丰富了住宅单元平面布置的多样性。在总体布局上，11栋建筑围绕中心庭院呈雁行布置，展现了具有中国传统建筑图案的有序变化的形象。

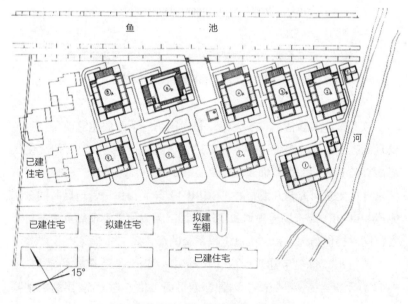

图4.56　总平面图（图片提供：鲍家声）

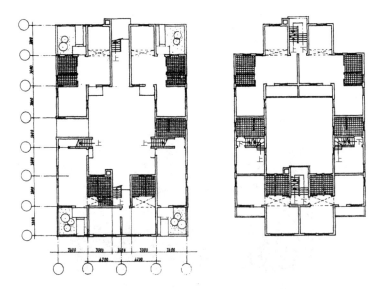

图4.57 典型住宅平面图（图片提供：鲍家声）

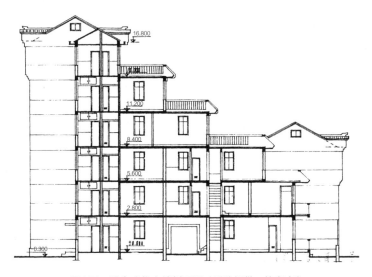

图4.58 退台式住宅楼剖面图（图片提供：鲍家声）

110　**千里新城亥子谷两阶段供给住宅**（Senri Inokodani Housing Estate Two Step Housing），**1989年**

大阪（Osaka），日本

图4.59　图片提供：大阪府住宅供给公社
（Osaka Prefecture Housing Agency）

建 筑 师：大阪府住宅供给公社＋巽/高田＋市浦都市开发建设咨询公司
（Osaka Prefecture Housing Agency + Tatsumi/Takada +Ichiura Architects）
业　　　主：大阪府住宅供给公社（Osaka Prefecture Housing Agency）
住宅单元：33户
支 撑 体：混凝土承重墙；混凝土楼板；中间跨降板
填 充 体：架空地面、预制分隔墙、整体卫浴

该公共住宅项目将两阶段住宅供给（Two Step Housing Supply）与百年住宅CHS体系相结合。两阶段住宅供给方法可以使公共部门发挥指导作用，也能够认识到个体主动性的重要性。在该项目中，支撑体作为"间接的社会资本"（高品质、耐久性的共有财产）来建设。支撑体内的填充体设置为第二步建设。在这个特定项目中，公共部门同

时提供了支撑体和填充体。但是，为了保证未来住宅易于改造，支撑体与填充体是相互分离的。

CHS结合了模数协调、分隔墙的规划网格以及预期"耐用年限"而划分的部品群三个方面。为了适应机械设备和管道相对有限的耐用性，CHS开发了新的协调原则来指导部品群和支撑体之间的接口安装。

项目包括两栋住宅楼，其高度分别为5层和6层，容纳33个住宅单元，平均面积为103m²。标准层为一梯两户，住宅单元以电梯、楼梯为核心成对布置，带有露台的高级住宅单元位于顶层。支撑体在结构跨之间采用开洞的剪力墙而不是结构柱，设备用途的结构降板位于每个单元平面的中间，该区域中厨房和卫浴单元的布置具有可变性。除结构降板区域，其他两个区域可根据使用需求布置起居空间。此外，整个居住单元平面采用架空地面。

设备用途的结构降板是很多CHS项目的通用做法。迄今为止，这些项目的设计、施工、内装虽然还未完全由独立的供应商执行，但装修一体化具有先天的内在优势。通过对于长期适应性的调整，这些支撑体住宅实现了开放建筑理论的主要目标。

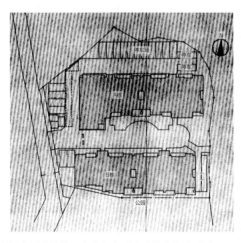

图4.60 总平面图 [图片提供：市浦都市开发建设咨询公司（Ichiura Architects）]

112

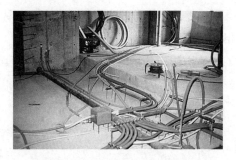

图4.61 支撑体降板内的设备管线（图片提供：高田光男）

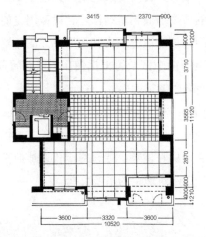

图4.62 支撑体平面图［图片提供：市浦都市开发建设咨
询公司（Ichiura Architects）］

图4.63 支撑体平面和住宅单元变化形式［图片提供：市浦都市开
发建设咨询公司（Ichiura Architects）］

传统民居/福尔堡改造项目（Patrimoniums Woningen/ Voorburg Renovation Project），1990年

113

福尔堡，荷兰

图4.64 支撑体改造前后对比。注意新增了底层住宅单元（图片提供：Karel Dekker）

原 建 筑 建 筑 师：卢卡斯+尼迈耶（Lucas & Neimeyer）

改造项目建筑师：RPHS建筑师事务所（RPHS Architects）

业　　　　主：传统民居公司（Patrimoniums Woningen Housing Corporation）

住 宅 单 元：110户

支　撑　体：混凝土楼板；砌体承重墙；木质窗框立面

新 增 填 充 体：马特拉模块，ERA填充体

大型私人住宅协会——传统民居公司在鹿特丹近郊拥有包含多栋5层楼集合住宅的小区。1988年，该协会决定合理化财产管理并开始对其进行升级。他们决定按照需要，通过一次更新一个空置单元的方式来进行现代化改造，这与常规的拆除整个建筑物并立即对其进行升级的方法大相径庭。与此同时，经济分析和设备管理分析的结果显示整个小区也需要长期更新。改造更新包括建筑主体的改善，即增加电梯和阳台、更换原有楼梯和机电设备、增设储藏空间等。为了营造一种安全感和私密感，协会还决定封闭内部庭院，在较大的公寓小区的角

落加建了两层联排式住宅。另外，还把从地面层通过人行道可达的仓库空间改为公寓，将原本住在二层的老年人和残障人士迁入进来。在初期阶段，协会与室内装修公司Matura Infill Systems签订了提供住宅单元内装的合同。在拆除每个空置单位所需的两个星期内，新租户与建筑师会面，从几个选项中选择了户型、设备和饰面规格。然后，建筑师的图纸被传输到马特拉。住宅单元清空一个月后，按照新住户的偏好重新装修完毕新的内部空间，又迎来了它的新主人（参见第7章）。

　　随后，许多其他居民决定对他们租用的公寓进行现代化改造。住宅单元以"一次一户"的方式改建，每个单元都有定制设计。租户可以使用几种不同的填充体系统。根据填充体供应商的不同，可以在10个工作日或更短的时间内安装住宅。当使用超出标准价格的装饰和设备时，租客只需要付少量额外的月租费。当租户要搬走时，协会将帮助把填充物品转卖给新租户，或先买下储存起来，用于以后重装。

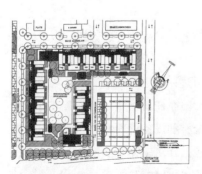

图4.65　示意大街区尽端新的两层住宅的总平面图（图片提供：RPHS Architects）

图4.66　使用马特拉填充体系统的住宅单元平面图（图片提供：RPHS Architects）

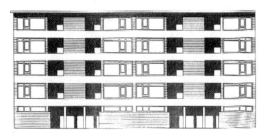

图4.67　支撑体改造前典型住宅平面和立面图（图片提供：RPHS Architects）

115

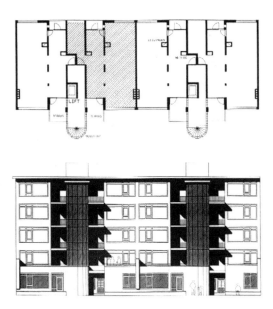

图4.68　支撑体改造后典型住宅平面和立面图（图片提供：RPHS Architects）

116   **戴维斯博登公寓项目（"Davidsboden" Apartments），1991年**
巴塞尔（Basel），瑞士

图4.69   内部庭院（图片提供：Michael Koechlin）

建 筑 师：恩尼+格拉默斯巴赫+施奈德建筑师事务所（Erny, Gramelsbacher
          and Schneider, Architects）

业   主：克里斯托夫-梅里安基金会（Christoph-Merian-Stiftung）

住宅单元：154户

支 撑 体：钢筋混凝土结构带电梯住宅；竖直方向设备管道井

填 充 体：分隔墙、浴室、厨房等

该建筑物由Christoph-Merian-Stiftung（CMS）拥有和管理，在两
个方面都具有适应性：首先，同一层的单元可以被合并；其次，分隔
墙、厨房和浴室是可以改变的，改变时要考虑与固定的竖直设备管井
的关联。

建造适应性建筑的决定先于初始的建筑设计，通过将个人需求与
集体生活相结合来创造生活方式的决定也是如此，还包括适应当前和
未来的质量标准、建立租户自我管理系统也是同样。在施工之前，两
名社会工作者建立了一个办公室，以帮助租户创建自治会和自我管理
系统，且同时作为信息中心提供服务。

　　鼓励首批住户开始自己设计户型的平面布置。租约中注明了住户
可以做出决定的特定区域。搬入前的6个月，施工经理会介入，以启
动正式的设计过程。每个小组由10个住户组成，他们举行了5次会议，117
使用模型、楼层平面图和材料样本来讨论建筑的质量、户型的多样以
及住户的参与方式。

　　具有共同建筑物入口的租户组成一个自治会。自治会共同管理建
筑物、制定规则、维护公共空间和公共供暖系统。该组织还进行小规
模维修、管理和监督较大的建筑项目，并在出现空房时确认潜在的新
租户。

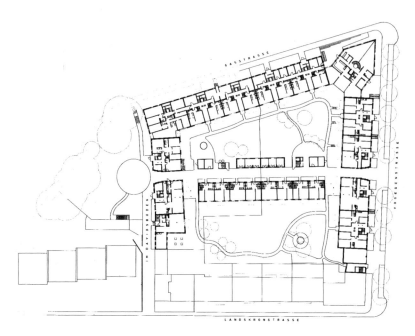

图4.70　首层平面图（图片提供：Erny，Gramelsbacher and
　　　　　Schneider，Architects）

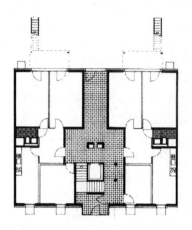
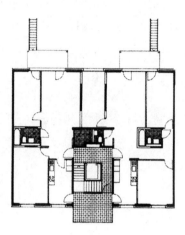
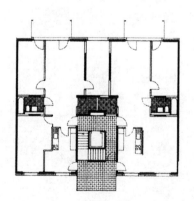
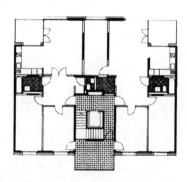

图4.71 住居单元变化形式（图片提供：Erny，Gramelsbacher and
        Schneider，Architects）

宇津木台生态村（Green Village Utsugidai），1993年

八王子市（Hachioji），日本

119

图4.72　图片提供：HUDc

建 筑 师：住宅都市整备公团（HUDc）和汎建筑研究所［Han Architects（base building）］

业 主：绿色生态村宇津木台公寓管理协会（Green Village Utsugidai Condominium Association）

住宅单元：76户

支 撑 体：钢筋混凝土、湿区降板

填 充 体：长谷工集团（Haseko Corporation）

该住户参与项目以容纳各种不同户型的住宅单元为目标，76个住宅单元面积为97～173m²。设计由三个团队分工合作完成，其中两个团队负责三代居户型设计，另一个团队负责普适性家庭户型设计。该项目是日本最早的三代居实例。

首先，支撑体——公共空间和室外布置在住户参与下，完成决策与设计。然后每个住户和其建筑师共同完成住宅单元内部的户型、设备、装饰的确定。住户还可以根据一定的规则对他们住宅单元的外

立面进行设计。每个住宅单元还能配有1或2个入口。所有设计决定之后,由建筑公司(Haseko集团)施工建成。

　　该项目首次采用了与住宅单元等宽的湿区降板(wet trench)(宽300cm,深20cm)做法。湿区降板位于隔墙之间,厨房、浴室、卫生间的管道必须置于它的上面。75cm×270cm的竖直管道和通风井通常放置在隔墙上或住宅单元的正中央。采用架空地面系统,地板饰面比

120

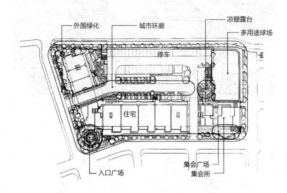

图4.73　总平面图(图片提供:HUDc)

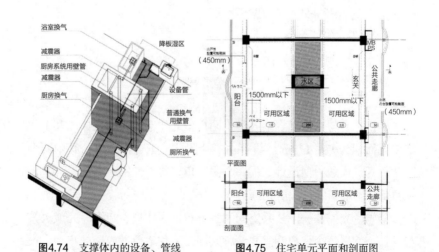

图4.74　支撑体内的设备、管线
(图片提供:HUDc)

图4.75　住宅单元平面和剖面图
(图片提供:HUDc)

混凝土楼板高出约6cm（混凝土楼板高于湿区降板底部26cm）。

　　支撑体和填充体的施工没有采用各自单独的合同。尽管是一个施工方从头到尾执行了项目，但设计和施工能够使项目在将来作为S/I的性质持续保持，延长了建筑物长期的适应性及使用寿命。

121

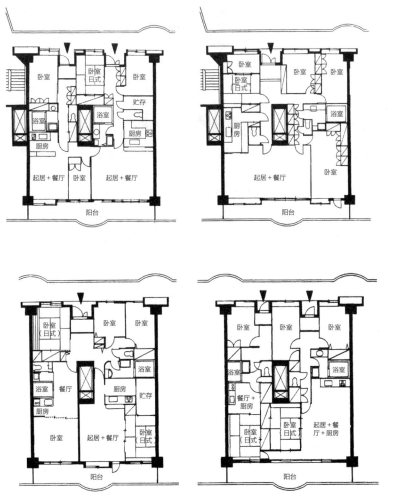

图4.76　四个不同类型的住宅单元平面图（图片提供：HUDc）

122   班内尔公寓（Banner Building），1994年
西雅图（Seattle），华盛顿州，美国

图4.77   图片提供：James Frederick Housel

建　筑　师：温斯坦·科普兰建筑师事务所（Weinstein Copeland Architects）

业　　　主：班内尔公寓协会（Banner Building Condominium Association）

住 宅 单 元：2户顶层高级公寓单元、11户两层复式单元、2个一层单元、3
个零售商业用单元、5个轻工艺用单元、1个商品房公寓（包含
3户低收入者廉租单元、3户市场价格的租赁单元）

支　撑　体：钢筋混凝土楼板和柱；分隔墙中加热制冷用水环流系统

填充体系统：传统施工

　　班内尔公寓由艺术家和工业设计师科林·罗尔斯塔德（Koryn
Rolstad）提出，是催化社区振兴的举措。它建于1994年，位于西雅图
滨水区附近环境恶化地区的陡坡上。为了让居民能拥有符合自己生活
和工作的房子，它允许居民作为公寓所有者购买未开工的空间进行设
计和建造；而建筑主体则作为一个公用的服务结构发挥作用。建筑师
123　创建了一个用户手册，其中包含了在建造过程中必须遵循的最低"建
造"要求。基础建筑的建设成本适中，为580万美元，即65.00美元/平

方英尺（700美元/m²）。

　　该项目包含3种主要住宅单元的类型（商品公寓、商业/零售公寓和住宅租赁单元）。独立式的两层木结构建筑中，共有14个2层的复式居住/工作住宅（1800平方英尺或167m²）、6个出租单元（600平方英尺和1200平方英尺，或56m²和112m²）。其他为零售、轻工业、工艺品制造等商业用途的空间。主体建筑为现浇混凝土楼板和框架结构。住宅位于设有商业空间和停车场两层高基座上方的"广场花园"上。两栋建筑之间的广场（"庭院"）由住宅单元所有者维护管理。它通过8英尺（2.44m）宽的外部走廊与住宅连接。居民可以在庭院种植盆栽、植物。此外，根据消防法规的要求，它还提供了紧急疏散通道。每个商品公寓的第二层设计了夹层，可以从特别设计的、布置自由的各个住宅的内部楼梯到达。夹层不受规则限制，其面积可以扩展或减小。

　　管道被平行叠放，置于分户墙中。因此，浴室和厨房可以自由地沿着这些墙进行布置。为了减少噪声，分户墙建立了含有隔声层的双重构造。其他所有的内装都属于住户的责任范围。住户们创作出多种多样的平面方案。一些住宅在转售时进行了平面调整。

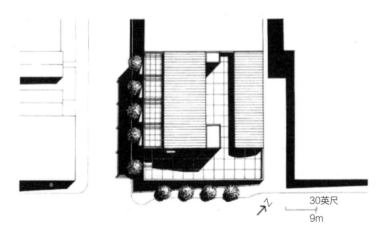

　　30英尺
　　9m

图4.78　总平面图（图片提供：Weinstein Copeland Architects）

124

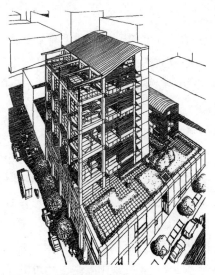

图4.79 项目鸟瞰图（图片提供：Weinstein Copeland Architects）

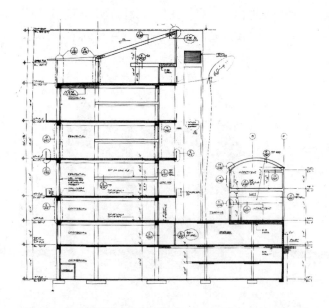

图4.80 住宅剖面图（图片提供：Weinstein Copeland Architects）

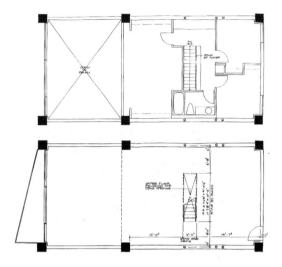

125

图4.81 典型复式住宅单元平面图（图片提供：Weinstein
Copeland Architects）

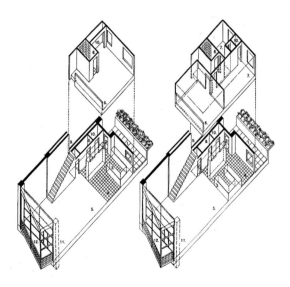

图4.82 典型住宅单元"分解"图（图片提供：Weinstein
Copeland Architects）

126   # 大阪未来21世纪项目（Next21），1994年

大阪（Osaka），日本

图4.83   图片提供：Next21委员会

方 案 规 划 / 设 计：大阪天然气（Osaka Gas）公司、Next21建设委员会
（内田、巽、深尾、高田、近角、高间、远藤、千藤）
［Next21 Planning Team（Utida，Tatsumi，Fukao，
Takada，Chikazumi，Takama，Endo，Sendo）］

建　　筑　　师：内田祥哉（Yositika Utida）、集工舍建筑和都市设计研
究所（Shu-Koh-Sha Architecture and Urban Design
Studio）

施　　工　　者：大林组（Ohbayashi Corporation）

设 计 系 统 规 划：巽和夫（Kazuo Tatsumi）、高田光雄（Mitsuo Takada）

住宅单元设计规范：高田光雄；大阪天然气公司；KBI建筑设计事务所（KBI
Architects and Design Office）

模 数 协 调 系 统：深尾精一（Seiichi Fukao）

业　　　　主：大阪天然气公司（Osaka Gas Corporation）

住 宅 单 元：18户

支　　撑　　体：钢筋混凝土框架；新开发的立面系统

填　　充　　体：Next21实验系统

Next21是一个实验性的集合住宅，包含18个居住单元。这个项目表达了对21世纪城市生活中舒适的家庭生活的憧憬。Next21项目由Next21建设委员会和大阪天然气公司共同合作。Next21建设委员会制定了基本规划和设计，具体如下：

127

- 通过系统化建设更有效地利用资源；
- 创造多样化的住宅单元适应各种各样的家庭；
- 在整个高层建筑中引入大量自然绿化；
- 在城市集合住宅中创建野生动植物栖息地；
- 处理建筑物内日常废物和排污排水；
- 将建筑物对外界环境的负担降到最低；
- 通过包括燃料电池在内的方式有效利用能源；
- 在不增加能耗的情况下实现更舒适的生活。

单元由13位建筑师设计。每个单元的内部和外部布局都是在一个协调规则系统（用于放置各种元素）内自由设计的。较高的层高，使得吊顶内和架空地面下对于服务设施的管道、线路空间的设置成为可能。因此，通风和管道线路可以独立于结构要素布置和决定。主梁抑制了次梁的高度，使得通风管和管道可不使用套管而通过梁。水平方向的主要设备区域位于外部走廊或者"空中走廊"的下方。

建筑框架（"骨架"）、外墙面板、内装和机械系统均遵循CHS原则进行设计：作为独立的建筑子系统，每个子系统都需要不同的维修、升级和更换周期。18个单元的室内设计工作从骨架设计后开始，并一直持续于建造过程中。住宅单元的设备系统，则是在整体建筑主体的设备设计之前进行的。设备设计完成后，所有层级的机械设备设施都交给同一个承包商安装。

尽管Next21的建筑主体和填充体系统是同时建设的，但实际上是按照可以根据居住者的要求调整各个子系统的目标进行设计的。为了测试这个目标的效果，以4层的所有住宅单元作为实验对象进行了填充体系统的更新改造。使用悬挂式脚手架，所有的工作都是在单元内部操作，对相邻住宅单元的影响降到最低。几乎所有的材料，尤其是立面材料，都可以在拆除后很好地再利用。该项目探索了城市住宅和实验性填充系统的新方法，达成了降低能耗和实现各种生活方式的目标。Next21的第二个阶段包括其他住宅单元的改造、新住户小组的导入，以及能源系统的继续评估。

128

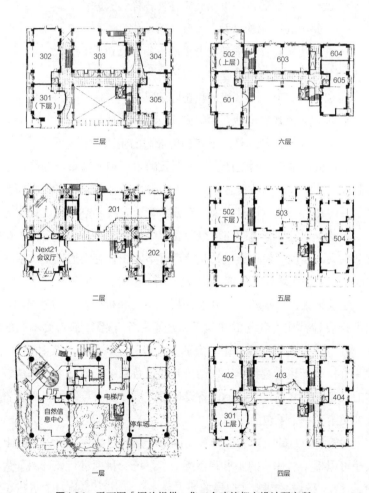

图4.84 平面图 ［图片提供：集工舍建筑都市设计研究所
（Shu-Koh-Sha Architecture and Urban Design Studio）］

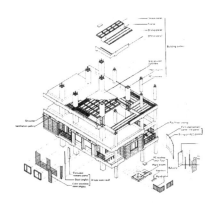
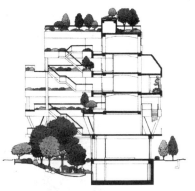

图4.85　建筑系统［图片提供：集工舍建筑都市设计研究所（Shu-Koh-Sha Architecture and Urban Design Studio）］

图4.86　展示都市自然居住性的住宅剖面［图片提供：集工舍建筑都市设计研究所（Shu-Koh-Sha Architecture and Urban Design Studio）］

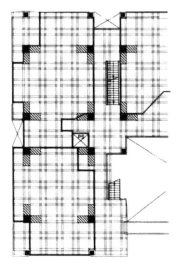
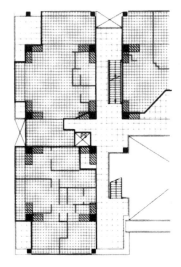

图4.87　模数协调网格［图片提供：深尾精一（Seiichi Fukao）］

130   **管道-楼梯井体系的适应性住宅（Pipe-Stairwell Adaptable Housing），1994年**

翠微小区（Cuiwei Residential Quarter），北京，中国

图4.88 图片提供：张钦楠

建 筑 师：马韵玉（Ma Yunyu）及张钦楠（Zhang Qinnan）、马建国际
建筑设计顾问有限公司（M & A Architects and Consultants
International Co., Beijing）

业　　主：中国房地产开发建设总公司（Leal Housing Technology
Development Center）

住宅单元：9户

支 撑 体：混凝土厚板楼板；混凝土柱；砖承重墙；楼梯间竖直方向的机械
设备

填 充 体：各种实验性填充体系统

　　该建筑为外观用涂料粉刷的3层无电梯集合住宅，作为中国
"八五"计划的全国建筑研究项目中的一部分，由中国建设部委托建
设。住宅的部分单元有2个阳台，两侧各一。支撑体中的相邻区域可
以被合并，因此可以形成51～117m²大小不等的住宅单元。

　　从平面上看，竖直管道井设置在公共楼梯间的前端，因此相邻单

元都可以沿着分户墙设置其浴室和厕所。由于这些空间的大小、布置、位置等都是可变的，所以衍生出各种各样住宅单元平面变化的可能性。厕所靠近竖向排水管设置。凭借水平向的管道设置于厨房底柜的后面，就可以自由排布厨房的位置。

　　该设计强调了在厨房和浴室的规划和位置确定方面达成更好的可变性的可能性，以此作为在住房单元中创造更大灵活性的一种手段。第二个目标是合理化分隔墙和其他内部系统的安装和拆卸。所使用的系统主要在三个方面进行了改进：

　　1．在公共楼梯间设置各类竖直管道。将设备管道设置在建筑物中心区域，使得各个住宅单元内的厨房和浴室的位置更容易变更。

　　2．改善支撑体/填充体系统的协调，尤其是分隔墙和水平管道。

　　3．从中国国内的地方企业（造船商等）到美国Gypsum等国外的公司，一共采用了五种分隔墙系统。展示多样性也是促进中国房屋填充材料产业化的一种手段。

131

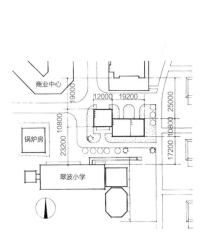

图4.89　总平面图（图片提供：M & A Architects）

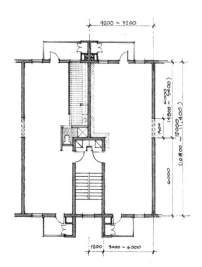

图4.90　支撑体平面图（图片提供：Stephen Kendall；原图：M & A Architects）

132

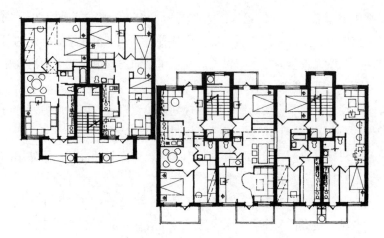

图4.91   住宅单元平面图（图片提供：M & A Architects）

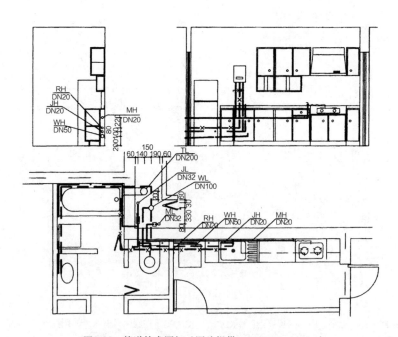

图4.92   管道技术图解（图片提供：M & A Architects）

VVO项目（VVO/Laivalahdenkaari 18），1995年

赫尔辛基（Helsinki），芬兰

图4.93 图片提供：Jussi Tiainen

建 筑 师：卡赫里建筑设计有限公司（Arkkitehtuuri Oy Kahri & Co.）

业　　主：VVO建设有限公司（VVO Rakennuttajat Oy）

住宅单元：出租97户

支 撑 体：[参见下文]

填 充 体：[参见下文]

这个9092m²的5～6层的集合住宅项目，整合了芬兰有关开放建筑的各种努力成果。高适应性技术与成功的用户参与以及通过政府贷款筹集资金有关。

项目中使用的建筑系统包括：

- 带有空心楼板、分户承重墙的钢筋混凝土框架结构（在一些情况下，单元之间的墙允许将来合并小型单元）；
- 各住宅单元独立的能源服务供应；
- 各住宅单元的热交换型进/排气的通风系统；
- 无需散热器的地暖采暖；

- 可选材料、饰面和配件的预制（盒子式）阳台；
- 适应将来变更可能的可拆卸分隔墙；
134
- 固定浴室的位置，然后住户可自由进行平面设计（包括厨房）。

住户参与同样得到发展。在实施之前，未来的住户以小组形式举行了多次见面会。每个家庭还与建筑师举行了单独的商谈，期间，建筑师完成了多达6个可选的平面图。每个方案都包括选择不同装饰层、阳台扶手、开窗等而形成的价格。

除了固定的浴室空间外，住户可以决定自己的住宅平面图。在70%的单元中，由住户选择了平面图、饰面和设备。此外，住户还就自己的单元在建筑物内的方位、开窗位置和阳台的栏杆设计提出了意见。更进一步，住户还参与了支撑体设计的过程。

图4.94   支撑体平面。上方表示住宅单元平面的可能方案
（图片提供：Arkkitehtuuri Oy Kahri & Co.）

135

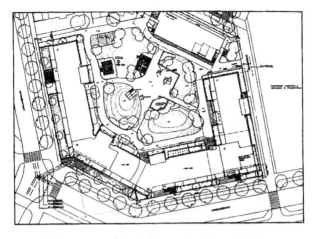

图4.95　总平面图（图片提供：Arkkitehtuuri Oy Kahri & Co.）

图4.96　可选的住宅单元平面方案（图片提供：Arkkitehtuuri Oy Kahri & Co.）

136 **格斯珀尔滕·亨德里克·诺德住宅（Gespleten Hendrik Noord），1996年**

阿姆斯特丹（Amsterdam），荷兰

图4.97　图片提供：Luuk Kramer

建　筑　师：德·雅格 & 莱特建筑师事务所（De Jager & Lette Architects）、
　　　　　　范·塞梅伦（Van Seumeren）、范·德·韦尔夫（Van der Werf）
发　起　人：住房基金会（Stichting Medio Mokumand Woonstichting De Key）
住宅单元：28户
支　撑　体：跃层式走廊；混凝土楼板、分户墙
填　充　体：用户选择平面布置方案，使用现成子系统

　　在阿姆斯特丹的老城区，通常没有可能搬到比现状更好的居住环境。在这种情况下，5个家庭想出了一个解决策略。他们选择了一个可以提供28个住宅单元的集合住宅用地。由于是自己建造房屋，所以可以节约一些资金。然后可以将节省的钱，用于提高公寓品质及适应性，来满足家庭的特定要求和增加对建筑的更多关注。该建筑由16套平均价格为18.8万荷兰盾的政府补贴的公寓、12套平均价格21.4万荷兰盾的民间资金公寓组成。

设计过程分为两个阶段。在选择自己的公寓之前，有购买意愿的住户商讨了针对整个建筑构成的内容：功能、单元数量、价格、公共空间、立面、标准单元平面以及建筑预算内应该优先考虑的要项。在就这些问题达成协议后，他们开始了第二阶段，即分配公寓并讨论个人需求。

整个设计展现了从公共空间到私人空间的逐步过渡。与内廊相连的中央门厅成为通往建筑物的入口。地面层有个很大的门厅，它各有一个通向庭院和街道的入口。通往第二层内廊，配有优雅的楼梯和电梯。到第五层的走廊可利用电梯或楼梯。 137

住宅单元考虑了各个住户的意愿，比通常相同价格所能提供的住宅面积更大，层高更高。住户除了可以共同参与项目决策外，还共享底层和二层的大厅以及可供孩子放心玩耍的内花园。几乎所有的住宅单元都含有一个夹层。因为夹层只有分户墙是承重墙，因而使平面具有灵活性。主要的服务设施管道尽可能地设置在住宅单元的中心位置。这样一来，浴室、厨房、厕所可以沿着两面分户墙中的任一面，或者在住宅的正中央自由装配。住户、建筑师、建造者之间热烈讨论得出了28个不同的户型。各个空间的布置和功能可以很容易地适应其他使用方式，在单元类型和面积大小方面提供了几乎无限的多样性，也很容易进行变更。公共部分也有很高的长期使用价值。尽管有对变化适应性方面的投资，但住宅的建设成本仍然非常经济。

作为建筑术语，集合住宅既是独立的存在，又被视为城市的一部分。这个集合住宅是由高高的砖塔式建筑和较矮的水平向木质立面交相辉映而成。塔的部分协调了相邻建筑物的砖墙转角，立面则是巧妙地反映了其背后住宅单元的多样性。

基于使用"开放募集的原则"（引入新住户的流程）的原因，某种程度上，住户之间形成了健康的社会纽带。他们互相尊重彼此的隐私，同时也尽量维持邻里关系。

图4.98   庭院（图片提供：Joanne de Jager）

138

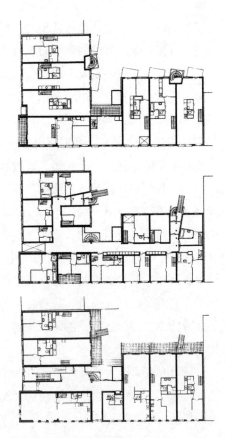

图4.99   住宅单元平面图（图片提供：De Jager & Lette Architects）

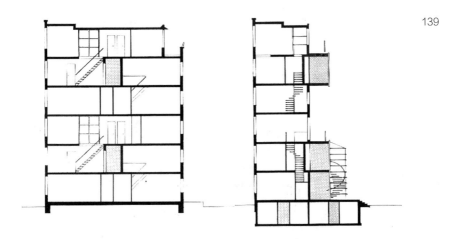

139

图4.100 住宅剖面显示了自由布置的走廊
（图片提供：De Jager & Lette Architects）

筑波两阶段住房（Tsukuba Two Step Housing），1996年

筑波（Tsukuba），日本

图4.101 项目外景（图片提供：Building Research Institute，
Ministry of Construction）

建 筑 师：日本建设省/建筑研究所（Building Research Institute/Ministry of
Construction）

赞 助：日本建设省/建筑研究所居住者协会（Building Research
Institute/MOC/Dweller's Cooperative）

住宅单元：项目#1（15户）、项目#2（4户）、项目#3（11户）、项目#4（13
户）、项目#5（12户）、项目#6（12户）、项目#7（10户）、项目
#8（10户）

支 撑 体：钢筋混凝土；部分反梁结构/框架结构；部分常规板梁

填 充 体：大部分传统室内施工；部分使用新产品；数户采用传统造法+架
空地面

　　日本住宅开发商的传统工作方式，是将居民排除在住宅性质或品
质的决策之外。年轻夫妇一般在"标准"集合住宅单元内开始新生
活，5~10年后全家搬去一个独栋住宅直到老年，成了老人又会搬回
到集合住宅。然而，在传统的住宅使用周期内，实现新住宅的购买的

迫切期待在如今几乎越来越难以达到。这个结果也是由日本土地所有权的独特法律造成的。

筑波方式是一种新的融资和建造住房方式的示范。它是两阶段住宅供应系统的应用和延伸。其目标是证明就资金投入和舒适度来说，在集合住宅内居住是非常值得的。为了达成这个目标，需要调整建筑方式、所有权和财务结构。因此，这个住宅建设手法主要的具体目标就是实现新的土地所有权形式。通常在日本，土地所有者会将土地的"使用权"交予他人——之后该方可以在这块地上建造建筑物。土地所有者保留所有权，并且在理论上可以收回使用权。而实际上，土地所有者永远无法成功驱逐任何被授予使用权的当事方或其继承人。也就是说，土地所有者并不能够真正地夺回所有权。这个现实大大降低了出售土地的理由。开发成本的高昂，一方面阻止了土地所有者自身对土地的开发，也同时未有激励出售使用权的动机。结果，很难找到可以建造房屋的土地，而且成本很高。

筑波方式中，土地所有者将土地租赁给合作社同时保持所有权。作为对本方长期使用权的严格限制条件的补偿，合作社成员享有可预测的长期成本和较低的初始成本。合作社（居住者）在最开始的30年里拥有住宅单元。从第31年起，土地的使用权将按照之前合同的约定回到土地所有者的手中，而开始出租给居住者。接下来的30年内，和出售的公寓一样，租户只需要支付维修费用、维护管理费和每月租用土地的租金。在第60年，所有单元自动按照市场价格进行出租。为了解决融资问题，日本住房金融公共机构开发了新的借贷方案。这种独特的贷款方式只将房子进行抵押贷款，而不是土地。因此，不考虑土地的价格，可以借贷相当于房子本身价格的80%的资金。这是非常重要的革新：日本房地产系统将土地和建筑物分割开来，而土地抵押贷款会高于建筑本身的抵押贷款。从这个意义上讲，GHLC（日本住宅金融公共机构）是筑波方式的共同发明者。

许多这样的项目都有意识地以较小尺度实施。最早于1996年在筑波建造的项目有15户住宅单元；第二个项目是建于1997年的4个单元；第三个位于东京，包括11个住宅单元；前3个是由建筑研究所团队推进的实验性项目；之后的5个则是由民间实施的；名为"6号项目"的实践是在另一个意义上的先锋项目：在日本，只有当所有的住宅单元完成后，建筑物才会开始让居民准备入住。但这一事实却对两阶段供应形成了法律上的障碍。"6号项目"即横滨的鹤见（turumi）是日本最早的居住者可以在所有单元施工完成之前就可入住的案例。

142

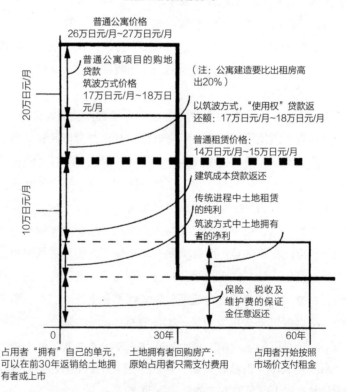

3种入住类型的费用比较
出租、公寓及筑波方式

普通公寓价格
26万日元/月~27万日元/月

普通公寓项目的购地
贷款
筑波方式价格
17万日元/月~18万日
元/月

（注：公寓建造要比出租房高
出20%）

以筑波方式，"使用权"贷款返
还额：17万日元/月~18万日元/月

普通租赁价格：
14万日元/月~15万日元/月

建筑成本贷款返还

传统进程中土地租赁
的纯利

筑波方式中土地拥有
者的净利

保险、税收及
维护费的保证
金任意返还

20万日元/月

10万日元/月

0   30年   60年

占用者"拥有"自己的单元，   土地拥有者回购房产：   占用者开始按照
可以在前30年返销给土地拥   原始占用者只需支付费用   市场价付租金
有者或上市

图4.102   经济方式比较（图片提供：Stephen Kendall；
原图：建设省建筑研究所小林秀树）

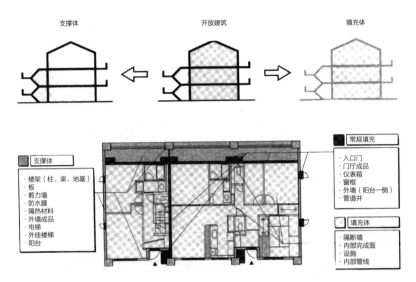

图4.103 两阶段供给方式概念和案例平面图（图片提供：建设省建筑研究所）

143   **兵库百年住宅项目（Hyogo Century Housing Project），1997年**

兵库县（Hyogo Prefecture），日本

图4.104 项目外景（图片提供：深尾精一）

建　筑　师：兵库县住宅供给公社+市浦都市开发建设咨询公司（Hyogo
　　　　　　Prefecture Housing Authority + Ichiura Architects）
业　　　主：兵库县住宅供给公社（Hyogo Prefecture Housing Authority）
住宅单元：104户支撑体
支　撑　体：反梁系统（"Upside-down" slab/beam floor system）
填充体系统：架空地面；单元浴室

这是兵库县住宅供给公社开发的项目，是结合了两阶段住房供应和百年住房系统原则的出租集合住宅。它由48个80m²、36个92m²和12个124m²的住宅单元构成。每个住宅单元各有一个停车位。作为项目的一部分还建有一个公共的活动室。公共花园在场地内随处可见。

该项目有3项基本的原则：

· 公用部品的长期耐用性；

· 短期部品的灵活性；

· 老年人、残障人士居住者或来访者的可达性。

支撑体和填充体作为不同技术体系来进行设计。支撑体按照100年的耐久性进行设计，同时要考虑到单元尺寸、平面可能的变化。它采用了反梁体系，为下方的住宅单元创造了一个平滑的顶棚，而在上方住宅单元架空地面下形成了一个（可同层排水的）配管空间。水平方向的给排水管、通风管、线路等，通过使用管套从上翻的横梁穿过。

另一部品群包括室外墙面、立面、分户墙；还包含屋顶、主要管道、线路、住宅单元正门外的设备。

还有一个部品群包括各个住宅单元的室内填充体系统：固定和可移动的分隔墙、门和门框以及所有的内部装饰层、橱柜、储存和每个住宅单元所有的管道、线路、暖气和空调设备等。反梁和架空楼板构造之间的空间，则提供了在厨房等空间设置储存空间的可能性。

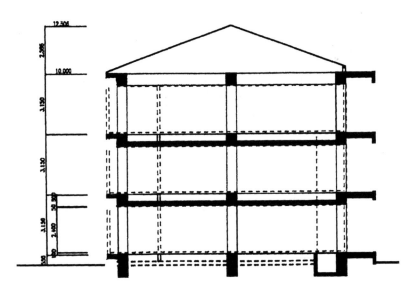

图4.105 反梁住宅剖面图［图片提供：兵库县住宅供给公社（Hyogo Prefecture Housing Authority）］

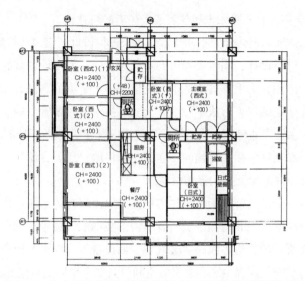

图4.106 住宅单元平面图［图片提供：市浦都市开发建设咨询公司（Ichiura Architects）］

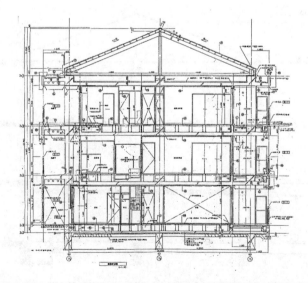

图4.107 填充体系统内立面的住宅剖面图［图片提供：市浦都市开发建设咨询公司（Ichiura Architects）］

吉田新时代住宅项目（Yoshida Next Generation Housing Project），1998年

146

大阪（Osaka），日本

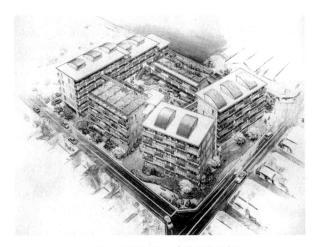

图4.108 图片提供：建筑环境研究所

建 筑 师：建筑环境研究所（Kenchiku Kankyo Kenkyujo）、集工舍建筑都
市设计研究所（Shu-Koh-Sha Architecture and Urban Design
Studio）

业　　主：大阪府住宅供给公社（Osaka Prefecture Housing Supply
Corporation）

规 划 师：新时代都市住宅建筑委员会+巽和夫/高田光雄（Construction
Committee of Next Generation Urban Housing + Tatsumi and
Takada）

住宅单元：53户

支 撑 体：反梁（板在下，梁在上）系统（Upside-down slab/beam floor
system）

填 充 体：松下电工（Matsushita Electric）；大建（Daiken）；日本住宅和
部品制造协会（Panekyo）

　　这个项目的计划始于1995年。之前作为两阶段供应方式的项目已提供了要出售的单元。现在的目标是使系统适应租赁市场。因此，吉田项目定义了第三种混合型的住宅供给方式——填充体既不完全拥有也不完全出租。京都大学巽和夫教授、高田光雄副教授在此倡导允许租户可以拥有填充体系统的一部分。比如，可拆卸和可移动的墙体或家具等。储藏单元（衣柜、橱柜等）就不属于租户所有，而是作为支撑体的一部分归属出租方。此外，根据事先协议，属于租户的那部分填充体的维护由供应商负责。标准户型平面的下水道、厨房和任何其他固定储藏空间的位置未显示在征询租户偏好的表里，这些空间的定位是由设计方确定的。

147　　大阪府住宅供给公社希望在未来的项目中只提供项目框架，私营企业提供所有的填充体系统产品。公社还希望能够使用填充体系统翻新现有的出租住宅。项目中，公社最终要求有关企业提供填充体部品，主要包括分隔墙、门、橱柜等。其要求是：能自己动手（DIY）或不熟练的工人轻松安装；可以租户所有；购买或安装便宜。

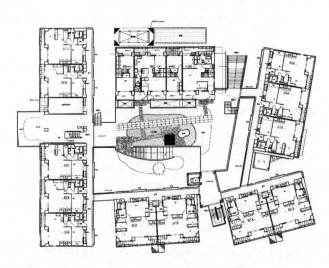

图4.109　首层平面和场地图（图片提供：建筑环境研究所）

　　另外，这些产品无须包含线路、管道或机械设备；也不需要为了满足特定的住宅单元条件而进行裁切和尺寸调整；填充体部品无须遵守隔声保温性能规定。

　　支撑体使用与兵库百年住房系统和筑波两阶段式住宅供应类似的反梁系统。

148

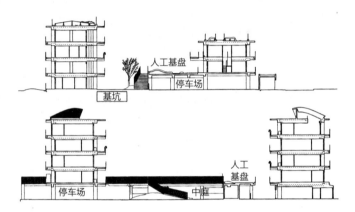

图4.110 场地和住宅横剖面（图片提供：建筑环境研究所）

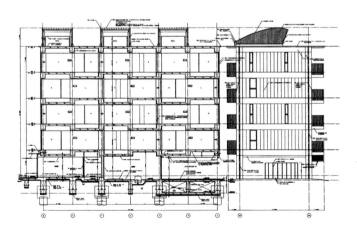

图4.111 台阶型楼板支撑体纵剖面（图片提供：建筑环境研究所）

149   **佩尔格罗姆霍夫项目（The Pelgromhof），1998年**

泽弗纳尔（Zevenaar），荷兰

图4.112   Ingolt Kruseman的渲染图（图片提供：ASK）

建 筑 师：弗兰斯·范·德·韦尔夫（Frans Van der Werf）

业　　　主：泽弗纳尔住宅基金会（Algemene Stichting Woningbouw Zevenaar）、佩尔格罗姆基金会（Pelgrom Stiching，Zevenaar）

住宅单元：215户

支 撑 体：混凝土楼板；分隔墙

填 充 体：住户从现成子系统选择的户型

　　该项目结合了生态/可持续设计和有机建筑的两个开放建筑原则，是由泽弗纳尔住宅基金会和佩尔格罗姆基金会出资建设的。共计215户的老人住宅，包括169户独立的住宅单元、86个车位的停车场，以及46个配备协助和看护设施的老年人单元。项目也拥有接待室、带厨房的交流中心、餐厅、剧场、商店和图书馆。项目成本高达5000万荷兰盾（2500万美元）。这个项目是被荷兰政府认证的实验性项目，同时也是住房部所选定的可持续和节能工程的国家典范。它不仅满足了《荷兰国家住宅建筑可持续性建筑标准》，也做了比自然涂料和热力泵等更先进的尝试。

建筑师弗兰斯·范·德·韦尔夫已致力于支撑体/填充体实践20多年。其最新作品体现了开放建筑的许多基本原则。

150

- 开放的建筑流程：每位居民都可以参与进来，根据自己的生活方式来创造一个空间。居住者参照如实物大小的足尺模型来设计自己的住宅。
- 终身保证的住所：项目提供居住者如"去"（go-go），"慢慢去"（slow-go）和"不去"（no-go）等各个不同人生阶段所需要的生活空间。它回应了老年人对可达性、安全性和适应性的需求。
- 社会凝聚力：为需要援助的老年人提供与社会之间的联系。佩尔格罗姆霍夫项目提供了坐落于市中心并量身定制的护理、安全，以及宁静而又至关重要的环境。
- 有机建筑：该项目的形状、色彩和景观体现了业主的哲学理念，试图让居民与大自然融为一体。除了空气净化、标本树木、流水和动植物种类繁多之外，场地内还拥有大量的花坛，外墙及屋顶上也布满植物。
- 数字高速公路：远程辅助安全性、通信及能源管理。
- 可持续建造：含众多绿色建筑特征，包括：生物生态涂料与材料、新的高效地板采暖、减少混凝土用量、太阳能供热、应用个人和集体热泵节省能源，以及优化窗户和屋顶的保温效果。

该项目的目标人群为年龄50岁以上的居民，他们希望获得在人生不同时期都能保障适应性的住宅。如此大规模的实现户型个人选择的行动，在租赁领域还从未有过。

佩尔格罗姆霍夫项目最近被授予荷兰建筑奖（Dutch Building Award）。

151

图4.113 项目街区环境鸟瞰（图片提供：Michel Hofmeester；
资料提供：Aero Camera BV）

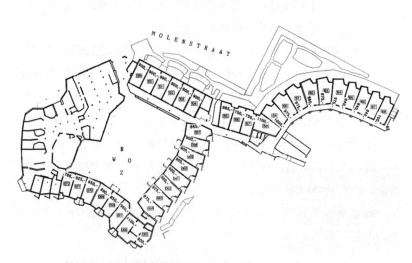

图4.114 地面层支撑体平面图（图片提供：Frans Van der Werf）

152

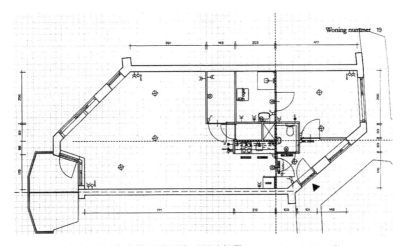

图4.115 住宅单元平面图1（图片提供：Frans Van der Werf）

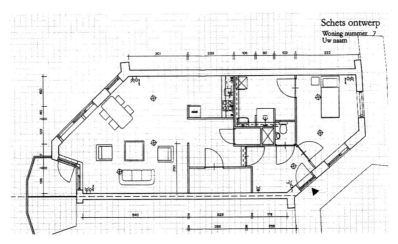

图4.116 住宅单元平面图2（图片提供：Frans Van der Werf）

153

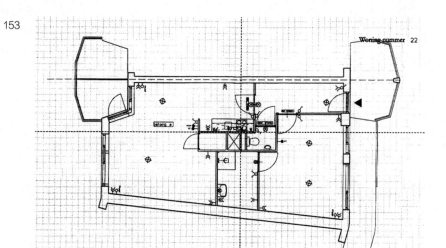

图4.117　住宅单元平面图3（图片提供：Frans Van der Werf）

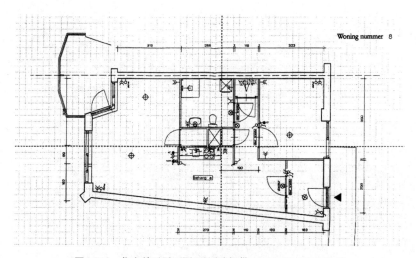

图4.118　住宅单元平面图4（图片提供：Frans Van der Werf）

HUDc KSI 98示范项目（HUDc KSI 98 Demonstration Project），1998年 154

八王子市（Hachioji），日本

图4.119 住宅单元入口的Z形梁（图片提供：HUDc Research Laboratory）

建 筑 师：住宅都市整备公团+环综合设计

业 　 主：住宅都市整备公团

住宅单元：5户实验住宅单元，2户复式住宅单元

支 撑 体：混凝土Z形梁主体结构+混凝土中空平板+后张法预应力混凝土梁柱+各住宅单元外侧的共用排水设备

填 充 体：HUDc填充体部品、私营企业填充体部品

　　HUDc多年来一直是新城和商品公寓的主要公共开发机构，它还拥有超过72万套的出租单元。随着既有住房的老化，该机构的重点转向城市更新和改善租赁住房。诸如KSI这样的实验项目就是这种变化的直接体现。

　　在日本，以消费者为导向的租赁住房的需求仍未得到满足。商品房公寓不是理想的选择，其大多数都不能对住户的喜好作出回应。所有的更新和维修工作必须得到绝大多数公寓住户的认同。住户改建也

155　受到严格限制，在地震之后，重建费用负担沉重等等。但是，在KSI项目提议的住房系统中，公共机构拥有支撑体，个体住户可以租用空间并拥有填充体。HUDc希望开发新的S/I住宅技术，并在全日本推广。为了这一目标的达成，在新建工程和改造项目中都需要新的填充体系统。

　　多年来，为满足S/I住宅的必要性能，HUDc已经开发了4个支撑体系统：部分反梁结构、带降板的剪力墙结构、水平梁结构、坚固的无剪力墙或承重墙的框架结构。KSI 98项目为这个系统增加了第5个可能——Z形梁结构。这个示范项目中，首层有一个展览空间和两个样板单元，用于私营企业的填充体系示范。第二层有HUDc填充体系样板间，还有两个私营企业的样板单元。第三层包含两个使用新的专有技术的顶层复式公寓。在整个建设过程中，以下许多开发成果得以实证：子系统接口、新产品性能、缩短施工时间并将不同行业的现场工人数量最小化的实验性技术。

　　在HUDc填充体系统中，低坡度排水管线［以马特拉（Matura）填充体系统的无坡管道为模型］，乙烯基护套管和"多方向"供水管安装在混凝土楼板上。架空地面在可调节的橡胶垫底座的支撑下，就像低成本的计算机房的通道地板做法一样。架空地面和一侧贴有石膏板的隔板在工厂预制组装。电线置于墙体中，或是隐藏于地板架空区域内的房间周边的"沟槽"，并穿墙连通起来。由松下电气等民间公司所提供的扁平电缆被使用在顶棚上。从各个设备机器接出的电线汇集到前门外的一个独立的线路端口。设备机器都通过架空地面的空层走管走线直通到竖向管井。供水管也由多个支管控制，有的用于热水，有的用于冷水。

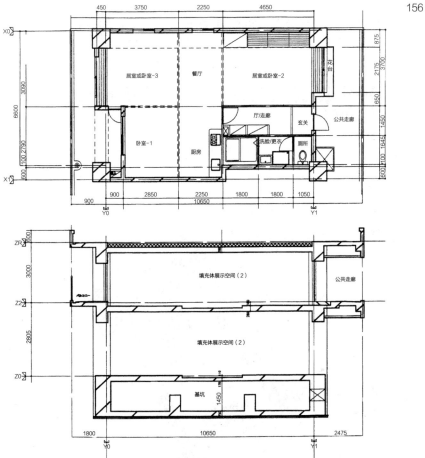

图4.120 支撑体平面和剖面图（图片提供：HUDc Research Laboratory）

157

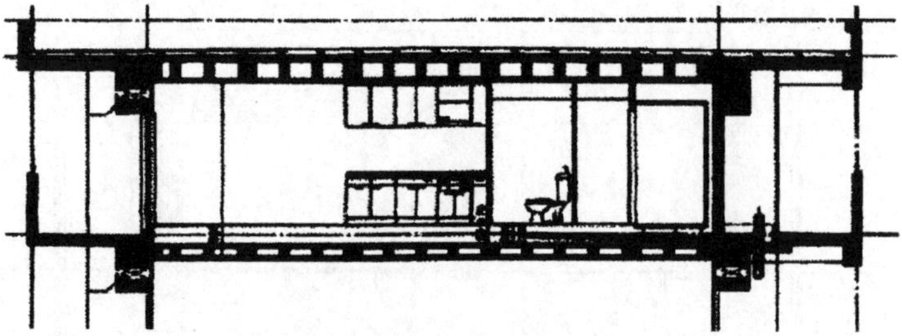

图4.121　住宅单元剖面图（图片提供：HUDc Research Laboratory）

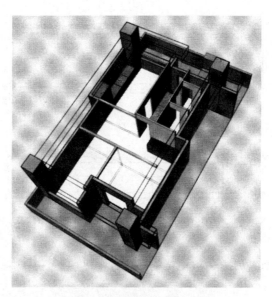

图4.122　支撑体示意图（图片提供：
HUDc Research Laboratory）

—— 致谢 ——

来自世界各地的许多同事都贡献了案例分析素材。还有很多人阅读并校对了本文，提供意见或介绍开放建筑项目及其建造者。

荷兰：伊佩·库佩鲁斯（Ype Cuperus）一直以来提供并修改了信息，协助推动整个开放建筑网络之间的联系，对案例分析的选择和推广作出了贡献。卡雷尔·德克尔（Karel Dekker）提供了荷兰目前有关改建项目的信息。约翰·哈布瑞肯（John Habraken）对本书的编写提出了激励、分析意见；读了早期的草稿后，向我们介绍了新的开放建筑发展；还向我们介绍了一些建筑师和项目。乔安尼·德·雅格（Joanne de Jager）提供了许多项目的图片，并帮助起草了相关的文字部分。福克·德·容（Fokke de Jong）在他的档案中搜索了早期开放建筑项目的照片，并提供了其他信息和建议。亨克·雷恩加（Henk Reijenga）提供了有关肌理层级工作的信息。弗兰斯·范·德·韦尔夫（Frans Van der Werf）提供了幻灯片和印刷的文件，对草稿提出了建议，并安排了取得展示其开拓性项目所有材料有关的许可。伯特·沃本（Bert Wauben）向我们发送了他工作的出色照片，审查并更正了有关他的开创性项目的案例研究的内容。

奥地利：建筑师乔斯·韦伯（Jos Weber）和弗兰斯·库兹米赫（Franz Kuzmich）介绍我们与奥托卡·尤（Ottokar Uhl）相识，后者提供了有关霍拉布伦（Hollabrunn）项目的照片和文字说明。

比利时：吕席安·克罗尔（Lucien Kroll）事务所提供了包括CD-ROM和著作在内的吕席安·克罗尔的相关研究的丰富信息，以及"La Mémé"项目的一流图片的使用许可。克罗尔检查了案例分析，修改了设计图片。

瑞士：马尔科·赫格里（Marcus Heggli）向我们提供了亨茨（Henz）"Anpassbare Wohnungen"（1995）文献的复印版及开放建筑相关项目建筑师的名单。建筑师名单中，包括在案例分析中出现的戴维斯博登公寓项目（Davidsboden）的建筑师马丁·埃尔尼（Martin Erni），威利·鲁斯特霍尔兹（Willi Rusterholz）提供了新期望住宅（Neuwil）的案例分析信息。

英国：尼古拉斯·威尔金森（Nicholas Wilkinson）提供了数年来出现在《国际开放住宅》（*Open House International*）杂志上的许多项目信息，也包含了"威尔金森和汉迪的PSSHAK项目"的丰富信息和图片。

　　日本： 深尾精一提供了许多日本案例分析的信息。深尾认真地检查了案例分析，提供了许多重要的背景知识，改正了文章中的多处。近角真一阅读检查了同样多的文章，对背景的评论和修正也在许多案例分析中有所反映。高田光雄及时提供了他所参与许多项目的有关想法和建议。HUDc的镰田一夫和小畑晴治，提供了长期以来公共机构开放建筑相关的项目和研究活动的宝贵资料。大阪天然气公司的加茂绿也帮助获得了Next21项目在案例分析中的图片资料使用许可。小林秀树提供了有关筑波方式的许多图片和信息。

　　中国： 鲍家声提供了他在无锡的先锋开放建筑项目的照片和图片。张钦楠提供了他在北京的项目的图纸和照片。贾倍思（Jia Beisi）的《适应性住宅设计》提供了有关中国、欧洲的以开放建筑为目标的早期发展的重要信息源。

　　美国： 在科林·罗尔斯塔德（Koryn Rolstad）的帮助下，本书获得了班内尔公寓（Banner Building）项目的照片和图纸使用许可。

　　芬兰： 埃斯科·卡里（Esko Kahri）提供了开放建筑项目的图纸和照片。乌尔普·蒂里（Ulpu Tiuri）一直以来提供了许多见解和信息，以及自己研究的瑞典和德国很多早期开放建筑项目的背景。

　　下列的参考文献和推荐杂志名单，是本书得到许多案例分析的主要信息来源。本书参考了C. 理查德·哈奇（C. Richard Hatch）的杰作《社会建筑范围》（1976）以及《工业化论坛1976》[*Industrialization Forum*（IF）]（7 no.1）、《国际开放住宅》（*Open House International*）（12 no.2）特别增刊的《日本住房的变化模式》（1987）（*Changing Patterns in Japanese Housing*）。《国际开放住宅》作为全球影响最广、最深的开放建筑重要杂志，刊登了许多早期的欧洲项目规划。许多日本开放建筑案例分析的相关信息，最早都是通过《日本开放建筑的发展》（Kendall, 1997）在英国推广的。

—— **参考文献** ——

1966 Neuwil

Metron Architects. (1966) Überbauung 'Neuwil' in Wohlen AG. *Werk*. February.

Henz, A. and Henz, H. (1995) Anpassbare Wohnungen. *ETH Wohnforum*. TH

Hönggerberg, Zurich.

Beisi, J. (1994) *Housing Adaptability Design*. ETH Zurich, Post-doctoral Thesis, Zürich.

1974 Maison Médicale (La Mémé), Catholic University of Louvain

Froyen, H-P. (1976) Structures and Infills in Practice-Four Recent Projects. *Industrialization Forum*. 7 no. 1. pp. 17-19.

Kroll, L. (1984) Anarchitecture, in *The Scope of Social Architecture*. (ed C.R.Hatch) Van Nostrand, New York.

Kroll,L. (1985) CAD-Architekture, in *Vielfalt durch Partizipation, Vorwort von Ottokar Uhl*. Verlag C.F.Müller, Karlsruhe.

Kroll, L. (1987) *An Architecture of Complexity*, MIT Press, Cambridge.

Kroll, L. (1987) *Buildings And Projects*, Rizzoli, New York.

Kroll, L. (1996) Bio, Psycho, Socio/Eco in *Ecologies Urbaines*. (preface by ed Pierre Loze) L'Harmattan, France.

Besch, D. (1996) *Werken van het Atelier Lucien Kroll*, Delft University Press, Netherlands.

1976 Dwelling of Tomorrow

Dirisamer, R., Kuzmich, F., Uhl, O., Voss, W., Weber, J.P. (1976) Project Dwelling of Tomorrow, Hollabrunn, Austria, *Industrialization Forum*. 7 no. 1. pp. 11-16.

Dirisamer, R., Dulosy, E., Gschnitzer, R., Kuzmich, F., Panzhauser, E., Uhl, O., Voss, W., Weber, J. (1978) *Forschungsbericht 1: Wohnen Morgen Hollabrunn*. Arbeitsgemeinshaft fur Architektur, Vienna.

Uhl, O. (1984) Democracy in Housing, in *The Scope of Social Architecture*, (ed C.R. Hatch). Van Nostrand, New York. pp. 40–47.

1977 Beverwaard Urban District

Carp, J. (1979) SAR Tissue Method: An Aid for Producers, *Open House*. 4 no. 2. pp. 2-7.

Reijenga, H. (1981) Town Planning Without Frills. *Open House*. 6 no. 4. pp. 10–20.

Reijenga, H. (1977) Beverwaard. *Open House*. 2 no. 4. pp. 2-9.

1977 Sterrenburg III

De Jong, F.M. (1979) Sterrenburg III, Dordrecht: Support/Infill Housing Project. *Open House.* **4** no. 3. pp. 5-21.

1977 Papendrecht

Van Rooij, T. (1978) Molenvliet: Support Housing for the rented sector recently completed in Papendrecht, Holland. *Open House.* **3** no. 2. pp. 2-11.

van der Werf, F. (1980) Molenvliet-Wilgendonk: Experimental Housing Project, Papendrecht, The Netherlands. *The Harvard Architecture Review: Beyond the Modern Movement.* **1** Spring.

van der Werf, F. (1984) A Vital Balance, in *The Scope of Social Architecture.* (ed C.R. Hatch). Van Nostrand, New York. pp. 29-35.

van der Werf, F. (1993) *Open Ontwerpen.* Uitgeverij 101, Rotterdam.

1979 PSSHAK/Adelaide Road

Hamdi, N. (1978) PSSHAK, Adelaide Road, London. *Open House.* **3** no. 2. pp. 18-42.

Hamdi, N. (1984) PSSHAK: Primary Support Structures and Housing Assembly Kits, in *The Scope of Social Architecture.* (ed C.R.Hatch). Van Nostrand, New York. pp. 48-60.

Hamdi, N. (1991) *Housing without Houses: Participation, Flexibility and Enablement.* Van Nostrand, New York.

1979 Hasselderveld

Wauben, B. (1980) Experimental Housing, Haeselderveld, Geleen, Holland. *Open House.* **5** no. 3. pp. 11-17.

Wauben, B. (1985) Experimental Housing, Haeselderveld, Geleen, Holland. *Bouw* **4**. 2/16.

1983 Estate Tsurumaki/Town Estate Tsurumaki

Fukao, S. (1987) Century Housing System: Background and Status Report. Changing Patterns In Japanese Housing (ed S. Kendall). Special issue, *Open House International.* **12** no. 2. pp. 30-37.

1984 Keyenburg

Monroy, M.R. and Geraedts, R.P. (1983) May we add another wall, Mrs. Jones?, *Open House International.* **8** no. 3. pp. 3-9.

Norsa, A. (1984) E l'Olanda batte il Belgio, il Successo di Keyenburg, *Construire.* no. 21 Luglio/Agosto.

Carp, J. (1985) *Keyenburg: A Pilot Project.* Stichting Architecten Research, Eindhoven.

1985 Free Plan Rental

Fukao, S. (1987) Century Housing System: Background and Status Report. Changing Patterns In Japanese Housing (ed S.Kendall). Special issue, *Open House International.* **12** no. 2. pp. 30-37.

1987 Support Housing, Wuxi

Bao, J-S. (1987) Support Housing in Wuxi Jiangsu: User Interventions in the Peoples' Republic of China. Changing Patterns In Japanese Housing (ed S. Kendall). Special issue, *Open House International.* **12** no. 1. pp. 7-19.

1989 Senri Inokodani

Tatsumi, K. and Takada, M. (1987) Two Step Housing System. Changing Patterns In Japanese Housing (ed. S.Kendall). Special issue, *Open House International.* **12** no. 2. pp. 20-29.

Kendall, S. (1995) *Developments Toward Open Building In Japan.* Silver Spring, Maryland. pp. 10-11.

1990 Patrimoniums Woningen

Yagi, K. (ed) (1993) Renovation by Open Building System. *Process Architecture.* no. 112.

Dekker, K. (1998) Consumer Oriented Renovation of Apartments-Voorburg, the Netherlands, *CIB Best Practices Papers.* CIB Web Site (www.cibworld.nl).

Cuperus, Y., and Kapteijns, J. (1993) Open Building Strategies in Post War Housing Estates, *Open House International.* **18** no. 2. pp. 3-14.

1991'Davidsboden' Apartments

Christoph Merian Stiftung. (1992), *Wohnsiedlung Davidsboden Basel. Ein Neues Wohnbodell der Christoph Merian Stiftung*. Christoph Merian Stiftung, Basel.

Beisi, J. (1994) *Housing Adaptability Design*. ETH Zurich Post-doctoral Thesis, Zürich.

Henz, A. and Henz, H. (1995) *Anpassbare Wohnungen*. ETH Hönggerberg, Zürich.

1993 Green Village Utsugidai

Kendall, S. (1995) *Developments Toward Open Building In Japan*. Silver Spring, Maryland. pp. 12-13.

1994 Banner Building

(1995) Coming: Housing that Looks Like America. *Architectural Record*. January. pp. 84-88.

(1996) AIA Honor Awards. *Architecture*. May.

1994 Next21

Itoh, K. (ed) (1994) Next21. Special issue, *SD 25*.

(1994) Next21. *Kenchiku Bunka*. 567 January.

1994 Pipe-Stairwell Adaptable Housing

Ma Y., Zhang Q. and Research Team on Universal Infill System in Adaptive Housing (1995) *Design Collection for the XiaoKang Type Flexible Space Housing*. Beijing, China.

Research Team on Adaptive Housing/M & A Architects and Consultants International. (1995) Modular Coordination in Housing Design. *Architectural Journal*. May.

Research Team on Adaptive Housing/M & A Architects and Consultants International. (1995) Service System Design in Adaptive Housing. *Architectural Journal*. September.

1996 Gespleten Hendrik Noord

de Jager, J. *et al* . (1997) Gespleten Hendrik Noord in Amsterdam. *Bouw.* March.

de Jager, J. *et al* . (1997) New Housing For Families in Amsterdam-Gespleten Hendrik Noord. *Bouwwereld.* June 16.

de Jager, J. (1998) Gespleten Hendrik Noord. *Westerpark: Architecture in a Dutch City Quarter, 1990–1998* . NAi Press, Amsterdam.

1995 VVO/Laivalahdenkaari

Kautto, J., Kulovesi, J., Pekkanen, J., Tiuri, U., (ed P.Huovila). (1998) *Milieu 2000: Experimental Urban Housing: Four Pilot Projects in Helsinki, Finland. City of Helsinki.* TEKES, Ministry of the Environment, Helsinki.

Tiuri, U. and Hedman, M. (1998) *Developments Towards Open Building In Finland.* Helsinki University of Technology, Department of Architecture, Helsinki. Tiuri, U. (1998) Open Building-Housing for Real People. Arkkitehti 3. pp. 18-23.

1998 The Pelgromhof

van der Werf, F. (1997) Pelgromhof and Open Building. *Gezond Bouwen & Wonen.* 5 Sept/Oct.

van der Werf, F. (1998) Interview with Argo Oskam and Koos Timmermans. *Bouw.* February.

van der Werf, F. (1998) Open Building, Occupant Participation. *Woningraad Magazine.* March.

van der Werf, F. (1998) Open Building, Occupant Participation, *Renovatie & Onderhoud.* May.

1998 Tsukuba Method

Kendall, S. (1995) *Developments Toward Open Building In Japan.* Silver Spring, Maryland. pp. 24-28.

Kobayashi, H. (1997) *The Era of New Housing.* NHK Publishing Co, Tokyo.

Kobayashi, H. (1997) Tsukuba Method-Open Building Supplied by Leasehold.

Housing. Japan Housing Association.

Kobayashi, H. (1996) Tsukuba Method. *Nikkei Architecture.* **565.**

Kobayashi, H. (1997) Tsukuba Method. *Nikkei Architecture.* **574.**

Kobayashi, H. (1998) Tsukuba Method. *Axis.* **75.**

Kobayashi, H. (1998) Tsukuba Method. *Data Files Of Architectural Design & Detail.* **68.**

1998 HUDc KSI 98 Project

(1998) KSI Experimental Project. *Nikkei Architecture.* October 19.

(1998) KSI Housing. *FORE.* (Bulletin of Real Estate Association). November.

(1999) KSI Housing: Hachioji Research Center of HUDc. *Syukan Koukyuojutaku.* January 13.

(1999) KSI Housing Experimental Project. *Kenchiku Gijutsu.* January.

—— 建成的开放建筑项目年表 ——

1903 Skalitzerstrasse 99, Berlin, Germany

1927 Häuser am Weissenhof, Stuttgart, Germany

1935 Complex 'De Eendracht, ' Rotterdam, Netherlands

1950 Wohnblock, Göteborg, Sweden

1954 Flexibla Lägenheter, Göteborg, Sweden

1955 Mäander–Seidlung, Orebro–Baronbackarna, Sweden

1956 Housing Project, Tianjing, China

1959 Kallebäckshuset, Göteborg, Sweden

1960 Apartment Block, Göteborg, Sweden

1966 Überbauung Neuwil, Wohlen, Switzerland

1966 Diset Project, Uppsala, Sweden

1967 Housing Project, Kalmar, Sweden

1967 Orminge, Stockholm, Sweden

1968 Saalwohnungen, Vienna, Austria

1969 Housing Complex, Horn, Netherlands

1970 Six Experimental Houses, Deventer, Netherlands

1970 Haus am Opernplatz, Berlin, Germany

1971 Housing Project, Kalmar, Sweden

1972 Elementa '72, Bonn, Germany

1972 'Dwelling of Tomorrow, ' Hollabrunn, Austria

1973 MF–Haus, Rotterdam, Netherlands

1973 Project 'Steilshoop, ' Hamburg, Germany

1973 MF–Hause 'Urbanes Wohnen, ' Hamburg, Germany

1974 Überbauung Döbeligut, Oftringen, Switzerland

1974 'La Mémé' medical student housing, Catholic University of Louvain, Brussels, Belgium

1974 Vlaardingen, Holy–Noord, Netherlands

1974 Social Housing, Assen–Pittelo, Netherlands

1975 Social Housing, Stroinkslanden (Zuid Enschede), Netherlands

1975 Les Marelles, Paris, France

1975 PSSHAK/Stamford Hill, London, England

1975 Social Housing, Zwijndrecht (Walburg II), Netherlands

1975 Housing, Kraaijenstein, Netherlands

1975 Zutphen, Zwanevlot, Netherlands

1976 Öxnehaga, Husqvarna, Sweden

1977 Sterrenburg III, Dordrecht, Netherlands

1977 De Lobben, Houten, Netherlands

1977 Papendrecht, Molenvliet, Netherlands

1979 Feilnerpassage Haus 9, Berlin–Kreuzberg, Germany

166   **1979** PSSHAK/Adelaide Road, London, England

1979 Hasselderveld, Geleen, Netherlands

1980 KEP Maenocho, Tokyo, Japan

1980 Tissue/Support Project, Leusden Center (Hamershof), Netherlands

1980 Housing Project, Ijsselmonde, Netherlands

1982 Lunetten, Utrecht, Netherlands

1982 KEP 'Estate Tsurumaki,' Tama New Town, Japan

1982 KEP 'Town Estate Tsurumaki, ' Tama New Town, Japan

1982 Baanstraat, Schiedam, Netherlands

1982 Dronten Zuid, Netherlands

1982 Niewegein, Netherlands

1982 Senboku Momoyamadai Project Sakai City, Osaka, Japan

1983 Estate Tsurumaki and Town Estate Tsurumaki, Tama New Town, Japan

1983 C I Heights, Machida, Machidashi, Tokyo, Japan

1984 Pastral Haim Eifuku, Suginamiku, Tokyo, Japan

1984 Keyenburg, Rotterdam, Netherlands

1984 Cherry Heights Kengun, Tokyo, Japan

1985 PIA Century 21, Kanagawa, Japan

1985 L–City New Urayasu, Chiba, Japan

1985 Tsukuba Sakura Complex, Tsukuba, Japan

1986 'Free Plan Rental Project, ' Hikarigaoka, Nerima–ku, Japan

1986 Schauberg Hünenberg, Hünenberg, Switzerland

1986 Terada–machi Housing, Osaka, Japan

1987 Support Housing, Wuxi, China

1987 Tissue Project, Claeverenblad/Wildenburg, Netherlands

1987 MMHK CHS Projects, Chiba, Japan

1987 Yao Minami Housing, Osaka, Japan

1987 Yodogawa Riverside Project #5, Osaka, Japan

1988 Villa Nova Kengun, Kumumoto, Japan

1988 Rune Koiwa Garden House, Tokyo, Japan

1988 Berkenkamp, Enschede, Netherlands

1989 Senri Inokodani Housing Estate Two Step Housing Project, Osaka, Japan

1989 Saison CHS Hamamatsu Model, Shizuoka, Japan

1989 Housing Project, Zestienhovensekade, Rotterdam, Netherlands

1989 Centurion 21, Toyama, Japan

1999 45 three–room–houses, Delft, Netherlands

1990 Hellmutstrasse, Zürich, Switzerland

1990 Support/Infill Project, Eindhoven, Netherlands   167

1990 Patrimoniums Woningen Renovation Project, Voorburg, Netherlands

1990 Herti V, Zug, Switzerland

1990 House #23, Huawei Residential Quarter, Beijing, China

1990 Residence des Chevreuils, Paris, France

1991 Hellmutstrasse, Zurich, Switzerland

1991 'Davidsboden, 'Basel, Switzerland

1991 Flexible Infill Project, Eindhoven, Netherlands

1991 Meerfase–Woningen, Almere, Netherlands

1991 Schuifdeur–Woning, Amsterdam, Netherlands

1991 Huawei No. 23, Beijing, China

1992 Patrimoniums Woningen, New Dwellings, Voorburg, Netherlands

1992 Experimental House No. 13, Block 15, Kangjian Residential Quarter, Shanghai, China

1993 Luzernerring, Basel, Switzerland

1993 Green Village Utsugidai Coop, Hachioji, Japan

1993– House Japan Project, Tokyo, Japan

1994   Next21, Osaka, Japan

1994   MIS Project/Shirakibaru Project, Fukuoka, Japan

1994   42 student apartments, Rotterdam, Netherlands

1994   De Raden Housing Project, Den Haag, Netherlands

1994   Takenaka Matsuyama Dormitory Project, Osaka, Japan

1994   Banner Building, Seattle, United States

1994   Pipe–Stairwell Adaptable Housing, Cuiwei Residential Quarter, Beijing, China

1994   Flexible Open Housing with Elastic Core Zones at Friendship Road, Tianjin, China

1994   Überbauung 'Im Sydefädeli, ' Zürich, Switzerland

1994   Wohnüberbauung Wehntalerstrasse–in–Böden, Zürich, Switzerland

1995   Muracker, Lensburg, Switzerland

1995   Sashigamoi Interior Finishing Method, Tama New Town, Tokyo, Japan

1995   Partial Flexible Housing in Taiyuan, Shanxi Province, China

1995   De Bennekel Housing Project, Eindhoven, Netherlands

1995   Beiyuan Residential Quarter in Zhengzhou, Henan Province, China

1995   Elderly Care Housing, Eijkenburg, the Hague, Netherlands

1995   53 Houses That Grow, Meppel, Netherlands

1995   VVO/Laivalahdenkaari 18, Helsinki, Finland

1995–1997   Action Program for Reduction of Housing Construction Costs, Hachioji–shi, Tokyo

168   **1996**   Block M1–2, Makuhari New Urban Housing District, Chiba, Japan

1996   Tsukuba Method Project #1 (Two Step Housing Supply System), Tsukuba–shi, Ibaraki, Japan

1996   Tsukuba Method Project #2 (Two Step Housing Supply System), Tsukuba–shi, Ibaraki, Japan

1996   Gespleten Hendrik Noord, Amsterdam, Netherlands

1997   Hyogo Century Housing Project, Hyogo Prefecture, Japan

1997   Elsa Tower Project, Tokyo, Japan

1997   HOYA II Project, Tokyo, Japan

1997   6 Support/Infill Houses, Matura Infill, Ureterp, Netherlands

1997   Puntegale Adaptive Reuse Project, Rotterdam, Netherlands

1998 Yoshida Next Generation Housing Project, Osaka, Japan

1998 Sato–Asumisoikeus Oy/Laivalahdenkaari 9, Helsinki, Finland

1998 Matsubara Apartment/Tsukuba Method Project #3, Tokyo, Japan

1998 Partially Flexible Housing in Beiyuan Residential Quarter, Zhengzhou, Henan Province, China

1998 Housing Tower, Pingdingshan, Henan, China

1998 Essen–Laag, Nieuwerkerk aan de Ijssel, Interlevel infill, Netherlands.

1998 Vrij Entrepot loft residences, Kop van Zuid, Rotterdam, Netherlands

1998 The Pelgromhof, Zevenaar, Gelderland, Netherlands

1998 Support/Infill Project of 8 Houses, Matura Infill, Sleeuwijk, Netherlands

1999 45 three – room – houses in former office, Delft, Netherlands

1999 VZOS Housing Project, the Hague, Netherlands

1999 Tervasviita Apartment Block, Seinäjoki, Finland

第三部分

方法与部品

第**5**章 技术概述

5.1 网络化住宅建筑的变化

30多年来，各种方法与背景下的开放建筑的进展和动向，都离不开科学技术的发展。

1. 现在住宅已经与多个网络系统相连。在一个世纪的时间里，住宅已发生了变化。现在的住宅和各种资源及基础设施网络直接连接，如：供水和废物处理、天然气管道、电网、保安系统、人造卫星、手机和固定电信、有线电视和互联网等。与此形成鲜明对比的是，150年前的住宅可能仅仅和道路网连通，或者根本没有任何连接。

2. 几乎无一例外，如今这些网络渗透到住宅的核心。将这种复杂的、相互依存的网络接口设置到住宅的每个空间是必要的。

3. 住宅建筑通常都缺少此类网络部件通过的电工套管、配电管、布线和管道槽或缝隙。行业标准、协议，甚至更严密的文件，都缺乏网络安装和连接使用的相关描述。由于没有这样的协议，各种供应系

统管道常常被毫无秩序地包在吊顶或墙中。于是，电缆、电线、管道、通风管和结构部件全都无可避免地纠缠在一起。

4. 在集合住宅单元中，建筑结构、自来水或天然气之类的主干管道及连接件会穿过住宅。因而，这种公共基础设施穿过私人空间的形式，使得公共与私有之间的控制和责任的精确边界无法确立。

5. 对集合住宅来说，共用的结构或框架设计（尤其是在地震带中），严重限制了旨在提供合理可承受的住宅单元灵活性的尝试。在

日本，也和其他地震多发地区一样，结构设计和其所包括的基础设施系统，已经很大程度上影响了开放建筑的发展：生命安全问题直接制约了空间的灵活性。

6. 在过去的100年中，住宅网络中新的网络子系统逐渐积累，随之而来的是固有施工方式变得过时。每个开放建筑出现的国家，僵化的工作方法也已显过时。施工过程中，能够跨领域工作、受过多技能培训认证的技术人员价值也越来越高。同样，对跨传统产品/行业分类产品的需求也越发明显。填充体系统和幕墙系统两者均代表此类产品。

5.2 开放建筑项目比较研究

支撑体运动的崛起最初是从欧洲和日本开始的，这是对于第二次世界大战后出现大规模住宅的直接反映。在日本，第二次世界大战后推出大规模住房所带来的问题由于其他因素而更加恶化：多层集合住宅是一种新现象，其第一代住宅缺乏灵活性、质量很差，而且很快就过时了。 173

第二次世界大战后的集合住宅具有将从前分散的决策向中央集中的特点。这被认为是迅速供应大量单元的先决条件。为了实行大量供应，住宅建设引入了在工厂的生产流程。这在当时，无论是哪个流程，都没有为个人住户提供作为决策者的一席之地。第二次世界大战前建筑的类型学帮助人们保存了生活方式、历史习惯、关于领域的文化爱好、自我表现、空间进入顺序和邻里关系。对批量生产的集合住宅来说，这些都不是考虑范围内的事情。在改善卫生条件、设计和产品合理化的名义下，集合住宅执着于推动对当时住宅样式的"再发明"，并明确地和机械生产相结合。

西方国家中，支撑体理念首先始于20世纪60年代，成为提出居住者权利和参与的政治性话题。此外，实际有效的权利责任分配也受到关注。新名词"开放建筑"的出现，以及20世纪70年代后期以新的工业化生产消费者为主导的部品在住宅市场出现之后，提倡消费者选择的时代出现了。最近，出现了其他新的、明显的与开放建筑有关的拥护力量——秉持可持续发展信念的一代建筑师出现了，他们的辩论方向有所转变——开始意识到开放建筑能极大地减少浪费。日本开放建筑，有时和土地所有权、使用权法规的更正有着密切的关系，同时也与更好的技术体系的发展有关。最近，荷兰政府根据常年的研究成果，声称住宅的灵活性和选择性代表了住宅的未来。现在像Het Oosten住房公司这样的住宅企业开始将填充体的所有权和责任转移到了承租人的身上。这和在日本的一些住宅项目的发展非常相似。其他大规模的荷兰工程公司和开发商，表示有意将以消费者为中心的"一站式购物"（one-stop-shopping）作为发展方向。

5.2.1　东京大学和京都大学的趋势

开放建筑的发展包含着多种多样性和交叉路径。尽管很多课题项目的解决方式都致力于以合并"技术和社会组织"为目标，这不同的两极和立场，也表现了各种开放建筑思维方式和群体的先锋性。

日本开放建筑最活跃的支持者也集中在京都大学和东京大学。这两种学派尽管被认为在方向上有所不同，却非常互补。因此许多项目都将这两所大学联系起来。东京大学关注于开放建筑技术上的问题，并取得一定成功。开放建筑的许多发展，是从东京大学建筑技术的创新以及各种政府相关的研究机构和工业组织的合作中生成的。CHS研究方式就是最好的例子。例如，在Next21中，就有下面几项发明：为全体设计组成员使用而开发的复杂模数化协调系统；创新的框架和基础设施建设；新型再利用系统和能源管理系统；便于住户更改、比其他多层建筑在改建时带来较低破坏性的新型外立面。

京都大学则一直侧重于研究住宅流程中的社会重组所反映的两个基本利益集团——个人利益和公共利益。后者以当地政府住宅组织或个人利益为代表。两阶段供应方式将供应方式改良融入了筑波方式。筑波方式是建设省（现国土交通省）建筑研究所主导的，日本一些最重要的开放建筑项目也都基于此方式建设。与在大阪地区最近进行的其他项目一样，Next21项目也使用了两阶段供应的方式。京都大学正在进行的研究也发现了另外一个重点出现的领域：就是对独一无二的日本集合住宅类型的探索。现在的集合住宅大部分都基于西方模型，这个研究寻求能直接反映具有日本特色与众不同的社会结构、文化历史、气候和地震条件等的模型。

在欧洲，开放建筑相关的研究活动并没有达到在日本这样的资金投入、数量以及组织的水平。荷兰的OBOM及其支持者们比起将技术方面作为中心，更关注于对住宅支撑体/填充体SAR模型的扩展、发展与实践。与OBOM相关的研究被认为是"官方的"开放建筑。其他OBOM以外的同样为了改善住宅供应、设计、施工的各种活动就被认为是不同的运动。尽管欧洲的大部分开放建筑实践是作为一部分建筑师、公司和政府的研究组织的创新开拓的活动展开，却因此取得很大的进展。

为住户提供选择一直是欧洲各国所有开放建筑的明确目标，这个目标比起政治上的自由更是表达出了消费者的选择。最近欧洲的开放建筑项目寻求使用者对公共空间设计的参与，比起"专业助力者"，更加强调住户是建筑形态的创造者。幕墙设计再次转变为与建筑主体设计同时进行的事项。因此总体来说，和过去数十年相比（荷兰的购买-租赁方式与日本的筑波方式是明显的例外），对于政治和经济上改革的关心减少了，而变得更为关注消费者的选择、建筑和子系统的使用周期、废弃物的减少以及可持续性的问题。

5.2.2 技术流程和产品的发展

开放建筑中的技术发展体现在两个相互关联的活动领域中：1）"硬件"的开发；2）建设过程、许可、所有权条件和内容的变更。开放建筑的技术进步，在支撑体技术（包括所有的建筑层级体系和外立面）和填充体技术（基本上是住宅单元的隔墙；机械、电力、管道等设备）以及两者的管理和相关产品接口界面等领域中最为突出。

176

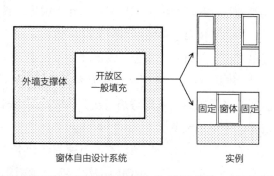

图5.1　筑波方式项目中窗洞的不同选择方案（图片提供：建设省建筑研究所）

5.2.2（a）　立面

个体住户和集体之间的技术性能和领域界限在立面中一目了然，并且在技术要求上有所对应。因此，立面也成为开放建筑研究和发展的一个重要关注点。早期的对住户在立面自我表达的探索和努力［例如，在医学院学生宿舍（La Mémé）或帕彭德雷赫特（Papendrecht）项目中］，除了日本的Next21和筑波方式项目探索固定开洞和不同窗口插件的用法外，似乎在近几年都有所减弱。

5.2.2（b）　浴室和厨房

厨房的自由配置、组合以及部品的选择一直是开放建筑的核心技术课题。从这个角度看，在前面描述的案例分析的证明下，20世纪后半期支撑体/填充体的历史，可被看作几代填充体的发展集中到一个中心问题：如何将浴室和厨房从建筑主体中解放出来。就像前面所述，个人选择与责任的结合；管道、通风管及线路的调整与空间确保；厨卫中多种界面接口的连接等多种努力，代表了开放建筑的关键技术。

浴室和厨房长期象征着工业生产系统和工业化部品，也代表了住宅中技术最集中的领域。直到最近，浴室和厨房的安装还要求由每个专业体系或者部品种类的熟练工匠团队现场安装操作。浴室和厨房也占据了消费者投入的大部分精力时间。浴室和厨房的机械系统导致的限制、进

177

一步的工业化等这些因素，为了建立技术和决策合理性、标准和消费者导向的偏好，将浴室和厨房变成了住宅中最优先的奋斗目标。

欧洲和日本第一代支撑体系实现了"具有灵活性"的无柱空间。不过日本的体系中往往有着非常高的梁。这个支撑体设计为住宅单元功能、空间和平面布置的多样性提供了具体形式。在4~6m的跨度内，可以任意设置分隔墙。但是，浴室区域，甚至专有设备均与支撑体的竖向设备管井相接，其布置仍然被固定。厨房排水管布置在橱柜的后面可以保证移动自由。这个手法开始于20世纪60年代的开放建筑研究，以瑞士沃伦的纽维尔重建（Überbauung Neuwil Wohlen）、医学院学生宿舍（La Mémé）和戴维斯博登公寓（Davidsboden）为代表项目。如今日本的自由平面项目中的固定单元、北京的管道–楼梯井体系的适应性住宅以及芬兰的"VVO/Laivalahdenkaari 18"项目依然在使用这个手法。

第二代项目中，浴室被放置到一个架空的楼板上。日本最早开始的实验性项目中，整个住宅都使用了架空楼板。考虑由此带来的加大层高的成本，在排水管直径和坡度所允许的范围内，缓和了排水管设备的制约，从而为单元户型及专有设备布置提供了一定的自由度。后排式坐便器更进一步减少了它们排布位置上的限制。就像传统的入口比住宅楼板低10cm那样，使用不同楼板高度也是日本长期存在的习惯，所以抬升卫浴在市场上不存在抵触的问题。还有，在那种拥有"土间"（泥土地面的作业空间）和居住空间的传统日式住宅，榻榻米一般设置在比"土间"高出50cm的位置。所以不论是哪一种情况，传统浴室的楼板都会高出一段。

然而，在欧洲，抬高卫浴地板从来没有被广泛接受。为避免这种情况，帕彭德雷赫特（Papendrecht）和凯恩堡（Keyenburg）等项目使用了后排式坐便器。粗大排水管在定制设计的盖板内从墙中或者墙底部穿过。淋浴或者浴缸也同样被抬高。在当前的适应性再利用实践中，包括鹿特丹Kop den Zuid地区的仓库阁楼公寓（Vrij Entrepot

178

warehouse loft residences，1998年）等项目中，极具现代感的高档嵌入式厨房/浴室套件（带有架空地面的浴室）继续成为主要特色。而另一方面，在欧洲使用带有架空地面的浴室设备，例如在阿德莱德路项目（Adelaide Road/PSSHAK，1979年）中安装的布鲁因泽尔（Bruynzeel）浴室设备经常遭到租户的强烈反对。几十年来，它一直受到批评。

5.2.2（c）　楼板沟槽

随后，在日本的大部分项目中，沟槽都会嵌在预制的支撑体结构楼板中。这样即使不采用架空地面，也可保证排水管必要的坡度。窄槽和宽槽都可利用。这些沟槽将浴室和厨房配置的多样性考虑在内，在单元中心或者沿着承重墙配置。日本东京由清水建设建造的CHS项目就实施了这个手法。乔治·莫里奥斯（George Maurios）在巴黎的"The Marelles"项目（1975年）也使用了和结构柱网格相符的纵向沟。然而，从成本考虑来看，由于使用了较高附加值的填充体产品，增加了混凝土支撑体建设的复杂性，也使得施工成本进一步上升。

20世纪80年代初到90年代，定向沟槽开始扩大，导致整个宽幅作为支撑体的楼板区域下凹，形成降板。日本的案例中，为了在楼板中创造空腔，而将传统的梁或楼板结构倒转过来，尝试将梁放在楼板上（反梁结构），而不是楼板在上、梁在下的方式。项目包括兵库的CHS项目（1997年）、筑波方式项目（1998年）、吉田二代住宅项目（1998年）等。东京的绿色村庄宇津木台项目（1993年）使用了一条降板。它的长度与两道承重墙构成的房间的宽度相同，占单元进深的1/3左右。在这个区域范围内可以自由设置厨房和浴室。Next21项目在被称为公共"空中街道"的三维网通道上，利用一个降板来配置公共设施服务管线。

5.2.2（d）　架空地面

架空地面系统的发展和支撑体的进化是同步进行的。20世纪70年代初，日本的开放建筑项目中普遍使用这一手法。日本建筑师可以在多种架空地面系统中选择产品。其中有两种被普遍使用。一种是电脑建模的"架空地面"，可应对隔声问题配有橡胶接头、可调节高度的底座以支撑刨花板或者其他硬质材料的楼板铺装。排水管和给水管以及其他机械系统（电缆、排气管道等）就设置在这个楼板下。将部分楼板上抬，除了隔墙所在位置，其他的线路、管道都是可以取出来的。第二种方案是"楼板垫"，简单说是包含给水管和排水管的一层实体垫层。常常使用发泡聚苯乙烯或者另加一层混凝土和松散填充颗粒层。楼板垫是作为填充体的一部分设置的，因此也放置在住宅单元内。通常，当住宅单元施工完成后，实体垫层很难简单取出，尤其是第二层是混凝土材质的情况。

5.2.2（e）顶棚

顶棚是水平布置通风管、配电线和其他填充体产品的区域，也是日本国内和早期OBOM深入研究的主题。在荷兰，填充体和设备系统被简化，尤其是没有空调和顶棚照明器具，使得双层顶棚也变得不再必要。但是，日本保持着浓厚的文化传统，即相对于房间使用和比例，顶棚高度会有所不同，并且在每个房间中都安装顶棚灯具。这些要求，再加上对通风、湿度控制和空调的更高要求，几乎使得吊顶在日本成为强制性的填充体产品。日本的开放建筑项目普遍采用"吊顶"。

180

近几十年来，住宅用填充体的相关技术研究和发展将改善楼板组装系统、楼板内供应、分配的子系统作为研究重点。最终目标仍然是允许浴室和厨房以及整个单元布局自由地以单元为单位自由安排，也就是实现各个居住单元不受相邻住户、上下层住户的限制而自由地进行配置。无论在什么时候，达到完全实现自由的支撑体和填充体的愿望，从开始到完成都并非易事。

第**6**章 层级化的方法和系统

6.1 肌理层级（城市范畴）

当今开放建筑最近的相关研究成果、出版物和实践的项目，着力于建筑主体和填充体之间的关系。作为一种环境介入方式，开放建筑本质上也包含了城市规划与设计问题，尽管并不总是明确提及，但它的确是建立在大量相关的城市规模工作的基础上。尤其在SAR时期，它创建了用于组织工作的方法，确定每个职业的领域界限，并以图形和文本结合的形式记录城市规模的协议事项。

本书介绍了一个已建成的城市肌理分析案例——贝弗华德市区项目（Beverwaard，1977年），它是建立在SAR理论基础之上，对于城市肌理项目的原则、方法论、历史、艺术状态的深刻调查都超越了当时工作的范围。附录B中讨论了与城市肌理相关的重要概念、课题、工作方式和出版物。

6.2 支撑体层级（建筑范畴）

支撑体提供了具容纳性的服务空间。由此可知，支撑体是由各种各样技术体系和产品材料建造构成的。所有情况下，支撑体提供可供分隔成住宅或办公室的空间。支撑体既可以新建，也可以从现有建筑中改造而成。利用现有建筑的情况下，留下部分构件而拆除其他，从而得到具有适应性的"开放"建筑。这个决定的过程也可以是十分简单的过程。大部分情况是基于容量分析得出的。也就是说，设计团队在成本和建筑技术的限制范围内通过一系列的步骤——或者是最适宜的住宅容量，或者是其他用途变更，来制定最合适的支撑体设计方案。

6.2.1 支撑体的系统化设计

当设计对于直观的常识性方法来说变得过于复杂时，或者在必须将标准和规范制定得正式且高度明确的情况时，支撑体设计的系统化方法就变得十分必要。总的来说，当需要设计支撑体时（不管是新建还是现有建筑改造），以下情况需要系统化的方法：1）当有着不同利益和技术的多方小组需要达成共识时；2）明确的质量标准和水平需要由各方参与者同意时；3）需要一步一步循序渐进得出决定，比如每个决定留下多个选项需要后期确定时；4）许多独立的部分需要同时工作协作的场合；5）多方都必须独立操作，将不连续的操作形成一个调整的顺序。

以上这些方法都经过发展，并在哈布瑞肯等人于1976年出版的《多种选择：支撑体系统设计》(*Variations: The Systematic Design of Supports*) 书中有所描述，其中提到的信息如下：

> 支撑体的基本概念是预设至少两个参与者独立、连续地进行决定。第一个参与者，由设计师来设计支撑体。他为之后住户的独立选择提供基础设施。设计者为住户留下了怎样的选择方案？这些是怎么被分析和记录的？第二个参与者，协调可供住户在支撑体内独立使用的"填充体"设计的问题。这是两个分开的独立操作，但是平行展开的设计流程，在物理上分开，却不一定在时间上分开。那么，怎么调整这两者的努力呢？
>
> 支撑体的设计人员要在一个社会框架内运作，他的工作需要达到普遍接受的、什么是好房子的标准，以及甲方、投资人和开发商（往往还不知道出租或出售给谁）的具体标准

183

来评价。至少有三方参与其中：设计师、管理方以及甲方。这三者都必须遵守可以有效应用于比较不同系列支撑体用途的明确规范和标准。支撑体的最终设计动员了许多技术专家，包括建筑师、结构工程师、电气工程师、卫生器具工程师、暖通工程师以及建造人员。与其他建筑一样，专家们的各种努力需要整合，但实施起来各方更是要在有限的成本和空间限制内实现灵活可变的解决方案。如果不能在一个预先设定的平面图中来协调以上这些服务，就需要其他相关交流和协调的方式。

形成支撑体的基本建造系统可以根据不同国家条件的不同进行分类，其他系统也可能适用于支撑体。下文将对所有构成支撑体的结构框架、屋顶、外立面和机械（设备）体系进行描述。

6.2.2　支撑体技术

6.2.2（a）　结构骨架

本书第二部分所介绍的案例几乎都采用了钢筋混凝土框架。有两个基本的类型，一个是混凝土楼板、梁、柱的类型，另一个是混凝土剪力墙支撑混凝土楼板的类型。许多案例都使用了各种尺寸和形态的现浇混凝土。其他的采用了混合体系。具体来说，包括使用预制或后张法预应力构件加现浇混凝土，还有砖石承重墙加混凝土板现浇或预制。

184

图6.1　"隧道模"支撑体结构（图片提供：Stephen Kendall）

"隧道模"支撑体在荷兰开放建筑项目和传统住宅施工中都普遍使用。这个方式成本低，并能够做到快速有序地施工。顶棚因此变得平整，有时只需要一层较厚的涂料装饰即可，允许的跨度对于住宅空间来说已经不错，并且已在帕彭德雷赫特项目（Papendrecht，1977年）、凯恩堡项目（Keyenburg，1984年）中证明了形成高度自由的单元平面的可能性。

在日本，由于地震带来的严格设计制约，结构框架成为开放建筑发展的关注重点。以下六个评价标准是在评价支撑体结构体系中经常使用的（深尾，1998）：

- 应对灾害的安全性；
- 耐久性；
- 作为生活空间基本性能；
- 可扩大居住空间；
- 可改变住宅平面和室内装修的灵活性；
- 老龄居住者的适应性。

日本S/I住宅工程设计开发了许多重要的支撑体框架结构变型选案。其中以钢筋混凝土为主的、混凝土包有钢梁和柱子的案例，有如下几种类型：

1. 梁/板/柱

a. 梁上平楼板；

b. 梁间降板（HUDc）。

2. 倒置楼板/梁/柱

3. 加厚中空平板/柱（清水建设）

4. 承重墙结构

a. 梁上平楼板；

b. 梁间降板（HUDc）。

5. 无梁结构（HUDc）

6. Z形梁/楼板/柱（HUDc）

185

186

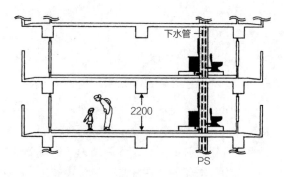

图6.2   日本住宅建筑的典型结构体系
［图片提供：建设省（现国土交通省）建筑研究所］

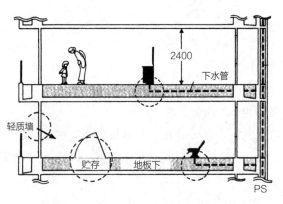

图6.3   倒置楼板/梁（反梁）的支撑体结构
［图片提供：建设省（现国土交通省）建筑研究所］

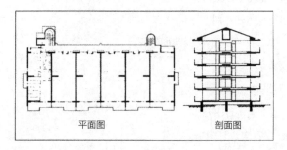

图6.4   无梁楼板支撑体（图片提供：HUDc）

另外还有全部为钢结构的框架，埋入混凝土的钢梁和钢柱组合结构及其他一些种类。许多实验性的体系已经建立起来，然后经过测试、发展并付诸实践。

6.2.2（b） 屋面

支撑体的屋顶在体现工程技术和防御风雨的同时，也表达了文化和风格传统的传承。作为建筑物外围护的一部分，集合住宅的屋顶通常作为支撑体的重要部分来建造。在技术要求上，通常要防止屋顶的任何部分成为填充体的组成要素。然而，在以地面层为入口的花园式住宅或联排住宅中，每家每户的屋顶容易衍生出不同的变化形式。尤其是荷兰，天窗和屋顶窗的使用十分普遍。可以在低层集合住宅的支撑体屋顶建造中预见到这些元素，使住户可以根据喜好增加或更换窗扇。

187

6.2.2（c） 外立面围护系统

集合住宅建筑的外立面在西方国家普遍被当成支撑体层级的要

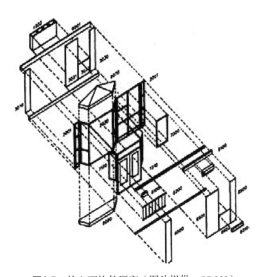

图6.5 外立面构件研究（图片提供：OBOM）

素。外立面是公共财产，形成了集体决策中的一部分。在中国等国家，租户通常有权安装独特的遮阳篷、装饰，甚至不同的窗户。但西方的商品房集合住宅的外立面几乎是统一的，也约定使用统一的窗户形式。

因此，在许多国家，住户尝试控制"他们的"外立面被认为是异常的行为，甚至可能被认为是导致社会、经济中的建筑走向衰退的因素。

188

在将建筑主体的部分向下分配到填充体层级的时候，立面的划分是最具争议性的。落实到公共领域中，住宅立面反映出文化习俗（展示领域、独特性和控制权）、技术要求（保证结构以及外围护的完整）。诸如谁来控制窗扇，谁在法律上对他们负责，谁来支付维修和维护费用的问题，却将技术和社会话题连接起来。窗是由住户［比如凯恩堡（Keyenburg）、筑波两阶段住房（Tsukuba Two Step Housing）、大阪未来21世纪（Next21）项目］来选择么？或者像在大多数国家的做法，窗的选择和控制归于建筑主体，是属于公共财产么？OBOM继续进行着有关建筑节点和建筑立面项目的工作。这些项目的目的在于开发出一项规则来规范建筑各部分的连接做法，并作为工业系统化产品开发的基础，同时也为在支撑体和填充体之间分割立面时，减少其技术障碍打下基础（Cuperus，1998）。

6.2.2（d） 机械设备系统

开放建筑项目中，与结构、屋顶和外立面等相比，建筑机械设备系统与支撑体和填充体两个层级关联。机械设备系统中重要的部分，尤其是水平方向供水、排水、天然气、电力、数据、信号以及制冷制热等，现在都属于填充体层级。各系统的容量以及它们本身和之间的（层级内、层级间）技术连接部分成为很大的课题。正如前述，它们构成了"网络化"建筑物中技术迷宫的一部分。原则上说，这些系统几乎都是在支撑体层级内竖直方向上分配的。支撑体层级的电缆、通风口、管道普遍在竖直方向上贯通住宅单元，往往设置在分户墙体内

或者建筑内部竖直机械设备的管道井中。另外一种就是在建筑外侧
露出设置，通过住宅单元门附近的竖直管道连通［就像兵库百年住
宅（Hyogo Century Housing Project）、管道-楼梯井体系的适应性住宅
（Pipe-Stairwell Adaptable Housing）等项目一样］。还有就是采用以上
两种方法的结合。

6.3 填充体层级

189

　　支撑体层级的进步与发展主要涉及使建筑物结构摆脱与管道、线
路和通风管相关的问题。在填充体层级是将上述各个系统相关的技
术、专业操作慢慢向下转移到这个层级的过程。这个转变导致填充体
系统部分或全面地快速发展起来。就像办公用的填充体是针对出租空
间一样，综合性的住宅用填充体是面向住宅提供的：住宅填充体系统
为已经开通公共服务的建筑物内、还没做内装的住户提供所需的一
切。此外，还针对不同项目的各类单元，由单一的供应渠道提供面向
消费者需求的部品。

　　进行填充体合理化的努力着重在管道、布线和通风口的空间分
布和安装上。先进的填充体系统还可以对室内分隔墙、橱柜、卫生
器具和装置的接口进行合理化和标准化。这些产品如果不进行梳理
的话，将会在现场导致牵涉多方意想不到混乱的"意大利面条效应"
（"spaghetti effect"，Van Randen，1976），这种剪不断、理还乱的纠缠
将导致调整上的混乱和质量管理的停摆。

　　因为相关系统必须在设备运行时以协调的方式结束或开始，所以
管道、电线和通风口的设置都非常重要。现代的厨房和浴室以及厕所
常常要求精确的和经过协调已确认位置的气阀、电源插座、冷热水管
道、下水道、橱柜、电话、数据安全的插口、电视信号、换气孔、冷
热空调供应口等的配备。传统施工中，这要求了插座、通风口、插孔、
导管等位置在设计、开发时就决定。施工前期，服务和供应导管、电

缆和管道被埋在楼板和墙内，往往被混凝土密封。于是，住宅的功能和有关的器具直到建筑物的寿命终止的那一天都被锁在原地。任何一个对于器具位置的简单改动都需要各个工种和检查员多次来检查。

填充体系统将决策延迟到入住前。由住户来做内装的决定，因而使选择变得多样，变化更加容易。在各家各户都连接着管道、线路、通风管道的复杂关系中，这个方式赋予了消费者做主的权利，也为住宅未来的改良或采用新技术创造了条件。

在待售开发的集合住宅项目中，填充体系统实现了更为有效的定制化。出租项目中，填充体系统也能够百分之百地满足市场的要求。此外，填充体还使得在现有项目中的住宅单元改造变得更简单，也使旧办公楼或仓库快速转换为定制化住宅成为可能。填充体在不干扰相关系统的情况下，能对各个建筑部分进行升级，因此可减少废弃物，并在更先进、更生态的产品或材料问世后，无须拆除即可完成部品的替换。

在荷兰，20世纪80年代，代尔夫特的OBOM研究小组对填充技术问题进行了基础研究，得出包括Leidingsystematiek（Vreedenburgh，Mooij，Van Randen，1990）等在内的重要研究成果。这项研究产生的创新成果包括下文所述的马特拉（Matura）填充系统的开发，特别是使用了零坡度的混合排水管。这项管道技术的突破性进展对整个建筑行业都具有很大的意义。马特拉无坡排水系统已经在德国和荷兰两国取得认证，并被ERA填充体产品采用。在编撰本书时，这个系统在日本继续进行着认证审查。

6.3.1　综合性填充体系统

填充体层级的开发（尤其是在欧洲和日本）表明了住宅供应流程的相关技术从根本上进行了全面的重组。欧洲和日本出现的综合性填充体系统有四个本质的特点：1）住宅生产的合理化；2）内装全体统合，单源供货；3）提供从楼板到顶棚的所有预制技术产品组件包；

4）使用先进的信息系统管理流程。

一旦这样的体系进入市场，支撑体设计将得到简化，很多技术上的制约也得以消除。因此，支撑体的设计对于建筑师来说变得简单，可以有精力重新对建筑形式和公共空间等传统要素给予集中关注——包括建筑的安全性、空间体验、外立面以及如何定义公共空间和城市特征等。

6.3.2　外立面填充体系统

如前所述，填充体系统不受单元的室内技术限制。促进工业化生产的高品质外墙构件的使用有充分的益处，至于选择现场装配还是使用工业生产的构件，本质上也都没有任何问题。早期的荷兰开放建筑项目［帕彭德雷赫特（Papendrecht，1977年）、伦内顿（Lunetten，1982年）、凯恩堡（Keyenburg，1984年）］当中，部分建筑立面是和住宅室内一起确定的。在帕彭德雷赫特项目中，采用并改进了数个世纪以来荷兰运河房屋中使用的木制立面框架，然后根据住宅的平面布局，在立面框架填上窗户和实体墙板。凯恩堡案例中，由住户在调色板的规定范围内选择窗框的颜色。

Next21项目（1994年）更是延伸了立面作为填充体一部分的概念。沿街立面是一个定制化设计的系统。在各个住宅的设计中，包括工业化生产的立面部品组件。这个组件本身也可以拆下、修改并以新配置重新使用。通过精心设计外观系统、部品组件以及其协调、组装、后续重新布置的规则，可以使建筑外观的整体视觉的连贯性和技术性得到保障。

6.3.3　填充体子系统

192

支持综合性住宅填充体系统而开发的子系统、技术、连接界面和标准，最初都是为了商业市场制定的。这些产品如今积极融入住宅项目。除了后面章节会介绍的住宅用填充体制作公司外，还有很多其他重要的发展是由引领各个领域的制造商主导开发的。比如，电缆和连接件生产商威琅（Wieland，德国）和沃尔兹（Woertz，瑞士）；先进的排水管和连接构件的制造商德尔塔–普拉斯塔（Delta–Plast，荷兰）和赫普沃思（Hepworth，英国）；排水管道和相关安装部品制造商吉伯特（Geberit，瑞士）；冷暖气空调设备的领先者三洋（Sanyo，日本）等。

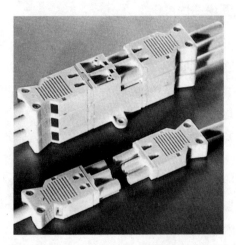

图6.6　威琅（Wieland）ST–18的紧凑型连接系统
（图片提供：Wieland Electric，Inc.）

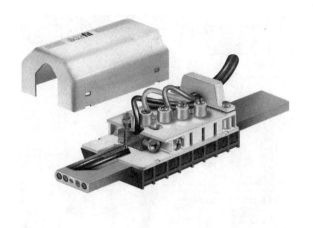

图6.7 沃尔兹（Woertz）扁平电缆安装系统
（图片提供：Woertz AG）

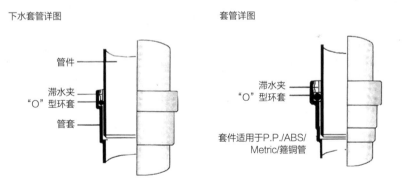

下水套管详图   套管详图

管件

滞水夹
"O"型环套

管套

滞水夹
"O"型环套

套件适用于P.P./ABS/
Metric/箍铜管

图6.8 赫普沃思（Hepworth）推入式排水管道系统
（图片提供：Hepworth）

第7章 填充体系统、部品及实施组织

195　7.1　各国的案例 189

　　7.1.1　马特拉填充体系统（Matura Infill System）... 189

　　7.1.2　ERA和"自己的家"（Huis in Eigen Hand）.. 192

　　7.1.3　夹层（Interlevel）.. 193

　　7.1.4　埃斯普利（Esprit）... 194

　　7.1.5　布鲁因泽尔（Bruynzeel）... 197

　　7.1.6　奈胡伊斯（Nijhuis）.. 198

　　7.1.7　长谷工（Haseko）.. 200

　　7.1.8　日本住宅和部品制造协会（Panekyo）... 201

　　7.1.9　差鸭居（Sashigamoi）... 203

　　7.1.10　公寓工业化填充体系统（MIS，Mansion Industry System Infill）..................... 204

　　7.1.11　KSI填充体（KSI Infill）... 206

　　7.2　芬兰填充体系统的开发 208

　　7.3　中国填充体系统的开发 208

7.1 各国的案例

7.1.1 马特拉填充体系统（Matura Infill System）

荷兰及德国

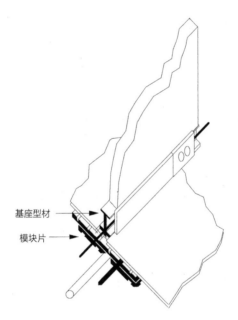

基座型材

模块片

图7.1 马特拉下部系统（图片提供：Infill Systems BV）

马特拉填充体系统（Matura Infill System）也许是迄今为止最全面的填充体系统，它是一项获得专利的产品，在荷兰和德国获得了认证和代码批准。它由开放建筑的先锋人物约翰·哈布瑞肯（John Habraken）和阿琪·范·兰登（Age Van Randen）在荷兰发明，由名为填充体系统BV（Infill Systems BV）的公司于1993年投入市场。Matura、Matura Infill System、Base Profile、Matrix Tile和MaturaCads都是商标专利名称。

马特拉填充体系统是完全预制的产品，提供定制的即时即建式（just-in-time）住宅单元。由于使用马特拉增值部品而增加的成本开销，可以通过住宅工期缩减（从包裹送达开始到消费者可以入住，平均都只要10天以内）、质量控制以及提供全面的定制化单元等得到抵消。

马特拉填充体系统在美国、日本、中国、欧盟都已经注册为专利产品。该专利涵盖了两个新产品——基座型材（Base Profile）和模块片（Matrix Tile），以及两者的组合和一个应用软件——马特拉软件（MaturaCads）。这款软件，使用最新的技术提供产品样品、图片以及计算信息，能够支持整个马特拉流程：从住宅的设计，到实时成本估算、材料的组装图、工厂生产所需的每个部品的尺寸，最后按照顺序在每个住宅单元专用的装配部件内标号并封装。由于整个住宅的填充体是作为一个统一产品进行认证的，专业人员只需在完成所有安装后，再到建筑管理部门办理简单的手续。

马特拉填充体系统由两个子系统共同组成。"下部系统"使用了两个专利产品——"基座型材"和"模块片"来帮助组织23个以上的独立子系统以及市场已有的数千个零部件。"模块片"承担整个住宅的水管、高压电缆和通风管道的分配。工厂预先切割好的"基座型材"被嵌入"模块片"顶部的槽内，充当了分隔墙的基础和电气线路的通路。"基座型材"还允许根据需要，将布线向上延伸到墙壁和门口下，保证了必要时墙内以及门下的走线。同时它还帮助下部系统容纳具有标准接口的"上部系统"的成品组件：分隔墙、橱柜、设备、器具、门等。水平排水管就置于"模块片"下侧凹槽内。上侧的凹槽内排布了各种固定装置的专用"户内走线"（homerun）。在许多住宅填充系统中，使用"户内走线"来供水和供气是一项重要原则，它取消了楼板下的连接，而这些连接安装费时且是渗漏的根源。

马特拉部品和软件使用了10/20cm带状网格，其中每个要素都分配有一个位置。基于早期SAR的研究，该网格确保了成千上万个要素之间的关系可以自动协调。只有在住宅填充体和支撑体交会的边缘地带才需要特殊的测量、修整或切割以适应要求。在综合性的数据库内，包含了所有部品详情及其可能的组合方式，它处理着与所有部品有关的情报，使得快速设计所需的信息变得容易获取。另外，"马特拉软件"还包括一个与数据库整合的、基于图形表现的"部品配置器"，填充体设计利用这一工具，通过在网格内放置所选子系统的图像来进行测试和记录。它能自动生成所有成本、订单、存储、生产、安装打包和现场装配的所有信息，也可以提前探知预计建设中的适合每个住户的方案。

包括福尔堡/传统民居（Patrimoniums Woningen，1990年—）在内的项目中，新的待售和租赁单元都使用了马特拉填充体系统。它们由受过训练的三人组成多技能安装团队一次安装一个单元（一次一户）。安装1100 平方英尺（110m²）的定制单元平均需要8天时间。为了帮 198助住户进行设计，设立了马特拉展示厅。展示厅包含了一个住宅的样板间，展示了各种技术部品、设备和所提供的住户选案，还展示了面向准住户和访客的包括器具、饰面和橱柜的目录介绍。

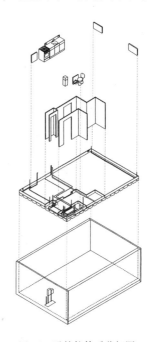

图7.2 马特拉模块片及无坡度的水平排水管安装（图片提供：Stephen Kendall）

图7.3 马特拉体系分解图（图片提供：Infill System BV）

　　马特拉的配送中心设有一个制造型仓库，在配送至安装现场前，所有填充体包裹在这里准备，每个单元的组合包在这里储存。许多部品都是预制的，有一些需要预先进行简单加工，以保证高质量和快速的现场安装，同时减少现场的浪费和混乱。一些部品，比如"基座型材"和"模块片"，都是按照马特拉的规格从供应商那里订购纳入。大多数部品可以在分配中心进行加工和组装，其他部品则在配送前存储在这里。一个住宅单元所需的全部产品按照它们在现场装配的相反顺序装入一个或者两个箱子内。施工需要的所有工具装入另一个箱子，这个箱子同时也作为在现场施工的安装小组的工作中心。所有箱子在整个填充体的安装过程中都会被安置在施工现场（Vreedenburgh，1992）。

199
7.1.2　ERA和"自己的家"（Huis in Eigen Hand）
荷兰

　　ERA于1998年进入市场，是基于"一次一户"方式，安装既有或新建住宅单元的大型综合承包商。ERA填充体系统和马特拉填充体系统相似，但它使用一般建筑产品市场上流通的普通现成部品。它是遵照传统民居公司（Patrimoniums Woningen）的要求，为同时使用马特拉系统的沃尔伯格（Voorburg）住宅改造项目开发的。

　　和马特拉系统相似，ERA填充体系统是由下部系统和上部系统组成的。下部系统的做法是：将两层聚苯乙烯层（5cm和3cm）铺在支撑体楼板上，然后再加铺两层无水硬石膏板形成底层地板。水平无坡度排水管、供水管以及暖水管设置在两层聚苯乙烯层之间，实现了使用传统的安装技术来达到最大灵活性的效果。细长的隔声铁螺栓和石膏板的"半个厚度的墙"一起被安装在现有墙体上。与马特拉一样，上部系统使用现成的市场化部品。

　　在海牙（Hague）的一个养老设施项目中，一家民营房屋公司购买了一个老旧的老年人小区，并使用ERA填充体系统将其转化成一个灵活的、以消费者为中心的项目。于是，原来含有360张床位的老年人护理中心被改造成含160张床和辅助设施的疗养院。原有的20个房间也被改造成带有特别护理设施的16个房间。另外一栋含有80间老年人住宅的建筑被腾空，使用填充体组件包，重组为20个公寓。分阶段拆除和内装置入均遵循了"无破坏拆除"开放建筑研究（Stripping Without Distruþtion Open Building Study）（Dekker，1997）所阐述的原则和程序。所以，老人们仍然可以在施工期间继续居住在这栋楼里。

　　"自己的家"（Huis in Eigen Hand）产品与ERA十分相似，由卡尔·里切尔（Karel Rietzschel）开发，于1998年在海牙的50个新住宅中由VZOS房屋公司首次使用。

7.1.3　夹层（Interlevel）

荷兰

图7.4　中间夹层地板下的管道（图片提供：Stephen Kendall）

　　普罗旺（Prowon BV）是一个房地产开发公司，自1984年以来，它一直在根据开放式建筑原则开发办公和住宅项目。除了传统建筑商和建筑过程的组织缺陷所导致的问题外，人们还认为其缺乏廉价、易于使用和耐用的产品，尤其是缺乏架空地面和可拆卸的隔墙。

200

普罗旺公司在"Interlevel"（夹层）的商标名下，独立开发它自己的地板和墙体系统。为了在市场上推广和安装产品，成立了Interlevel贸易公司和Interlevel建筑公司。这些公司向住户和业主提供建议和技术图纸制作等必要的业务内容。

Interlevel是最初为商业办公市场开发的填充体产品。它也被安装在许多住宅项目和小型店铺中。Interlevel的主要部品就是低成本的架空地面。地板面板由高密度的水泥木纤维制成，被固定于可调节支脚的木架上，高度约4～6英尺（10～15cm）。该系统通过了荷兰防火和音效相关建筑法规的评价认证。Interlevel同样也给项目提供可装在架空地面下面的传统聚丁烯供水管道、电气导管和通风管产品。然后，轻型木架或钢龙骨外包石膏板形成墙体，安装于架空地面上。

201 7.1.4 埃斯普利（Esprit）

荷兰

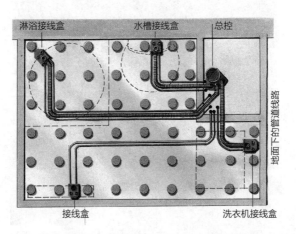

图7.5 浴室底板构成（图片提供：Esprit）

埃斯普利（Esprit）财团始于1985年，致力于开发一种既可用于新建建筑，也可进行既有建筑改造的定制住宅内装修方法。该系统基于"即插即用"（plug-and-play）和支撑体/填充体概念的组合（Eger，Van Riggelen，Van Triest，1991）。早期的概念草图显示，住户从自己的车中取出箱子，打开包装，然后只需要几个简单的插入式步骤就可以在他的浴室里安装一个新的坐便器。Esprit尝试开发针对消费者市场的工业化设计和生产住宅的填充体。包括以下这些项目：

- 开放的室内空间规划（无限制进行分隔墙布置）；
- 由住户自行确定所有技术设备、电气开关和通信插座的位置；
- 开放的家具选择。

财团成员包括厨卫、供暖与通风、平面分隔等相关技术顾问，还有部品制造商、建筑公司等。Esprit产品有以下几个基本部分：

- 高度不足10cm的架空地面仅用于浴室；
- 低坡度排水管和专门设计的排水槽，用于浴缸和淋浴；
- 专有的、快速连接排水和供水管线的浴室装置；
- "即插即用"厨房部品，其管道集成到柜子的背面；
- 快速连接生活和供水管线的水管；
- 新型换气通风装置；
- 可拆卸的隔墙系统；
- 专有的电源、数据和安全供给部品（外部线路、内部线路）；
- 用于入口门的储物箱和通信控制装置。

202

Esprit的部分开发包括在整个设计安装物流链中的及时分发。这样通过工厂化生产促进了回收利用和更有效地利用材料，体现了减少现场浪费的持续努力。许多示范的项目在新建和改造项目中实施。1999年，Esprit公司进行重组。编撰本书之际，更多的示范项目正在实施。

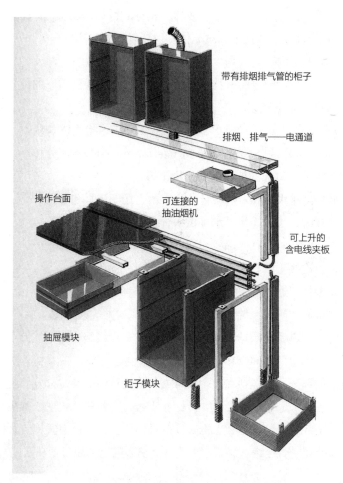

带有排烟排气管的柜子

排烟、排气——电通道

操作台面

可连接的
抽油烟机

可上升的
含电线夹板

抽屉模块

柜子模块

图7.6 即插即用式厨房（图片提供：Esprit）

7.1.5 布鲁因泽尔（Bruynzeel）

荷兰

图7.7 正在施工的墙体龙骨 　　　　 图7.8 安装墙板后的效果
（图片提供：Stephen Kendall） 　　（图片提供：Stephen Kendall）

　　布鲁因泽尔（Bruynzeel）是一家荷兰历史悠久的公司，其声誉早在几百年前的林木贸易交易中就已经确立。如今，Bruynzeel的产品覆盖了消费市场的木制品、防水胶合板、铅笔和高质量的厨房。

　　在1970年代中期，该公司着手进行一项雄心勃勃的产品开发计划——开发综合性的住宅填充体组装包（Carp，1974）。Bruynzeel的首创先驱体系被早期的开放建筑项目采用，包括荷兰施泰伦堡项目（Sterrenburg）（1977年）和伦敦的PSSHAK/阿德莱德路项目（Adelaide Road，1979年）等。该系统主要包括一套隔墙系统，这套系统由塑料块、木龙骨、刨花板墙板构成。塑料块用于连接竖直方向的龙骨和水平方向的底板和顶板。各种线路被装在明装的塑料配电管内。浴室的下水管被设置在架空地面空腔内，而厨房的管线设置在橱柜后部。镀铬的供水管道同样也是明装，置于有精巧细部设计的托槽内。这个产品由于难以和市场上的传统隔墙产品竞争，在1980年代后期退出了市场。

7.1.6　奈胡伊斯（Nijhuis）

荷兰

图7.9　墙板组装现场（图片提供：Nijhuis BV）

Nijhuis Bouw BV是1906年成立的建筑公司，正是奈胡伊斯（Nijhuis）公司在第二次世界大战后将隧道模的建造方式引入了荷兰。1970年代初期，为了开发4DEE填充体系统（4DEE Infill System），公司内好几个部门都参与其中。这个系统包括为该公司隧道模混凝土壳体的快速施工而开发的预制的室内墙体、门框、立面部品、屋顶部品以及其他产品等。4DEE产品采用由SAR开发的尺寸协调原则，即10/20cm的带状网格。

1971年，Nijhuis Toelevering BV作为一家独立公司成立。1971—1992年间，奈胡伊斯公司使用4DEE在荷兰交付了大约5万套住宅单元。这个填充体系统包括室内墙体、门框、窗框、踢脚线的精加工型材、洗脸盆的预制扶手及带盒子的电气开关。填充体的组装按两人一组，一户一天的速度完成。

4DEE填充体系统内的模块化协调以及与其他系统（如立面、管道等）的连接都基于10/20cm的带状网格。墙体部品统一制作成宽1.2m、高2.4m和2.6m的两款，这样面板可以被裁切成30cm、60cm、90cm、120cm宽。

4DEE产品是针对每个住宅单元在工厂生产的。各个部品的位置被编码记入图纸。工厂按照这些图纸组织生产和配送。现场施工时，施工队伍首先将一个U形的构件按照图纸固定在顶棚上。墙体的上部插入这个凹槽，将底部拧紧在地板上，并安装踢脚线。随后按顺序安装门框和隔墙。由于隔墙是空心的，可以从墙体中或在踢脚线表面安排电线走线。

Nijhuis Toelevering BV一直以来关注以建造施工方为对象的市场。目前的产品包括木质窗扇和门框、塑料窗扇和门框、预制墙到墙和板到板的立面部品（包括玻璃窗和门框），以及预制屋顶部品。产品主要运用于荷兰的新建或者改建的住宅项目（服务于包括Nijhuis Bouw BV在内的各类公司）。奈胡伊斯公司计划今后更全面地采用开放建筑

图7.10　4DEE内装完成后的场景（图片提供：Nijhuis BV）

的理论。在拥有长期商品化住宅填充体系统开发经验的专家指导下，已成立了新的产品开发部门，目前正在测试一个叫作TRENTO的概念，其目标是保证快速施工的同时，也给予消费者更多选择单元平面、立面部品的多种可能性。

7.1.7 长谷工（Haseko）

日本

长谷工（Haseko）是日本全国规模的大型建筑公司。它是专注于日本中产阶级住房市场的最大、最有声誉的开发商和建筑公司之一。在1990年代初期，长谷工将住宅产品分成三个主要部门：支撑体、外围护和FORIS填充体系统（FOR Infill Systems）。长谷工的这一尝试，是基于认识到在每个施工阶段所需的劳动力类型、施工管理和子系统方面存在着巨大差异。在他们的项目中，每个部门独立负责管理成本。材料和劳动力价格是按部门分配的，而不是按常规技术工作类别分配的。

长谷工与每个分包商签订单独的合同，以进行支持和填充级别的工作，因此可以超过20个分包商参与填充体的工作，分别是木匠、装饰工、电工、环境系统安装员、水管工、厨房/浴室安装员等。长谷工直接和部品供应商谈判填充体的材料成本，他们随后为分包商定下材料费用，只让分包商控制人工成本。这样一来，长谷工就可以精确地监控人工成本和材料费。长谷工单独和每个分包商签订合同以区分支撑体层级和填充体层级的各项价格。在向消费者传达与平面图更改相关的任何成本时，这一点变得尤其重要。

长谷工不采用架空地面，供应管道隐藏在吊顶内。按照日本传统做法，浴缸的排水管一般安置在抬高的整体卫浴下面，厕所排水要么采用后排式直接通入竖直管道，要么沿着墙壁延伸，从储藏空间的废弃物管道排出。厨房的排水管通过橱柜背后接入一个竖直管道；能源计量表可以通过公共走廊查看；家用热水由每个单元的天然气锅炉提供。暖通空调（HVAC）通过日本典型的传统供应分配系统提供给各个住宅单元。

长谷工认为，开放建筑大规模的普及主要依赖于以下几个要素（Kendall，1995）：

- 必须有需求；
- 必须产生关注消费者的独立填充体系统供应商；
- 民营和公共开发商必须积极分签支撑体和填充体合同；
- 综合性承包商的操作方式必须改变。

7.1.8　日本住宅和部品制造协会（Panekyo）

日本

图7.11　架空地面（图片提供：Panekyo）

Panekyo（日本住宅和部品制造协会）是于1961年成立的全国性组织，总部设置在东京，有7个分支，在20多个地区拥有办事处，业务内容包括产品设计和检测、市场推广、安装和改造项目等。它的大部分产品提供给国家、都道府县或市町村等住宅机构建造的公共租赁住宅和公寓项目使用。

Panekyo拥有一个名为PATIS（Panekyo Total Interior System）的

整体内装系统部门。这个系统为集合住宅单元提供完整的内装产品。PATIS产品包括架空地面（7个类型）、隔墙、整体门、墙面、顶棚、细木工类部品、定制部品、服务设施（包括整体卫浴、厨房橱柜和设备）和其他室内部品。日本已经有超过25万户住宅使用这些产品。

　　Panekyo资助了许多有关集合住宅"改造"和复原技术概念的研究。报告书明确指出一些支撑改造住宅要求的因素：

- 单身家庭及丁克家庭的增加；
- 较之买房更愿意选择租房；
- 在家工作的趋势上升；
- 休闲时间和全天候活动的增加；
- 不同生活方式和个性表达的住宅需求；
- 个人隐私的重要性变大；
- 对于DIY要求的增加；
- 住宅单元改建的增加。

对于建造商而言，在"改造"住宅需求背后的因素包括：

- 年轻人对于肮脏、艰苦和危险工作的反感；
- 工人工资的增加；
- 公众对于施工和拆除带来的噪声和混乱的反感；
- 合格建筑施工人员的缺乏。

图7.12　分隔墙系统（图片提供：Panekyo）

208

从生态的观点看，住宅的改造减少了自然资源的消耗和难以处理的废弃材料的再生，做到了环保。Panekyo为将填充体部品运用到新建支撑体和需要改造的较为老旧的建筑，提出了一系列策略。这些策略包括：发展多技能的工程安装队和部分DIY的填充体；创建新的部品中心来出售或出租填充体系统；为DIY填充体组件建立二手市场，以及开发用于在清空住宅时出售填充体部品的机制（Kendall，1995）。

7.1.9 差鸭居（Sashigamoi）

209

日本

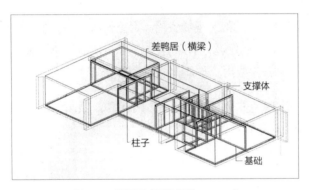

差鸭居（横梁）

支撑体

柱子

基础

图7.13 轴测图（图片提供：HUDc）

差鸭居特指在传统木结构住宅中障子门窗上方水平方向的过梁或者横梁。差鸭居系统在单元楼板上方的一定高度形成水平带。以此作为基点，建立各种各样高度的顶棚和装饰性屏风以及墙体。由HUDc资助的东京近郊的多摩新城项目于1995年完成。它有6个单元面积为94.55m²的精装修住宅出售。这个项目遵循4个基本原则：

1. 保持日本木结构建筑传统空间特征；

2. 最大化使用木材和其他自然材料；

3. 采用工厂生产的填充体系统和混凝土支撑体结构，辅助以有效的配送和安装流程；

4．使用低价值的木材，开拓日本林业产品的新市场。

6个住宅单元有统一的住宅平面，室内填充体墙紧靠粗糙的混凝土支撑体墙体，将其外表遮住。空间进行了组织规划，以保证能在整体卫浴的架空地面下安置所有排水管和供水管。厕所是后排式的，就设置在竖直管道井附近。能源计量表箱设置在正门入口处。住宅的进深比普通住宅更大，因而，设置了公共楼梯旁的"采光庭"，为内部房间提供自然采光和通风。

差鸭居中上方一定区域中允许顶棚高度的多样化成为一个新概念。这个基本概念在许多后来的项目中得到发展，成了尽可能标准化的填充体模式。从差鸭居项目来看，到地板为止的下部系统部品是标准化的，在工厂加工再到施工现场装配。但差鸭居上部的部品则是尽可能在现场外准备，在现场切割和组装。于是形成这样的体系：上部系统可根据各住户条件变化，下部系统由标准化部品构成（Kendall，1995）。

7.1.10　公寓工业化填充体系统（MIS，Mansion Industry System Infill）

日本

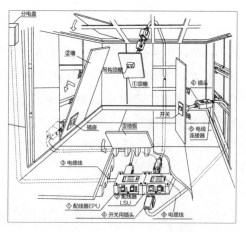

图7.14　MIS填充体分解图（图片提供：大京）

MIS是建设省（现国土交通省）主导的中高层集合住宅项目，其成果报告于1992年面世。福冈实施的项目是由大京和前田建设实施的。这个项目建于1994年，包含14层、250个单元的商品房公寓。使用了3个新的系统：MEIS（公寓外装工业化系统）；MIIS（公寓内装工业化系统）；M（M&E）IS（公寓机械设备工业化系统）。

有6个不同大小的住宅单元。所有户型都设有固定的整体浴室、厕所和厨房，其他空间可以在某种程度上自由设计。所有的平面布局都是在支撑体设计之后进行的。位于单元外的竖向管道被视为支撑体的一部分，不过直到各个住宅单元的平面决定之后，才能进行竖向管道井的具体设置。所有设计决定后，开始施工。MIS的一个主要目标就是严格将材料成本和人工成本进行区分。

排气管是在开始内装之前单独安装的。排水管和天然气管由专业人员独立施工。之后，几个独立的团队同时工作，以一周一个单元的速度安装。该过程首先是安装内部隔墙，然后是进行作为布线通道的架空地面的施工。地板下的布线通道使用了松下电工开发的新的"直插"（click-together）布线系统。

项目中的线路也可以在墙体和顶棚上走线。嵌入式（clip on）墙板使用汽车生产技术固定在金属龙骨框架上。冷热水管道由执行常规内部装修的同一工人安装，使用快速连接的供水和排水管线。其他部品都是场外准备好，然后由机电分包商带到现场。

MIS的特点是各部品（管道、电缆、通风管等）都从各个制造商直接订购，然后及时配送到各个室内装修队以便安装（Kendall，1995）。

212

213 ## 7.1.11　KSI填充体（KSI Infill）

日本

图7.15　架空地面（图片提供：HUDc）

　　KSI 98项目是HUDc开发的一系列实验性住宅项目之一，目的是展示一种新建筑和改造项目中的新型支撑体施工原则和新的填充体。这个系统能供HUDc和民营部门双方使用。它展示的施工技术适用于最高10层的建筑。HUDc自己拥有72万个出租单元，在未来几年中，许多将需要翻新。

　　目前的KSI填充体实验项目采用许多新的部品以及类似的住宅部品。基本的子系统有：

非承重墙

- 外墙是干式施工，旨在允许根据内部平面布置来决定开窗和外门框位置；
- 分户墙是作为支撑体构件建造的，因此有更好的防火和隔声性能。

室内

- 由可调整高度的支脚托起架空地面最高可到30cm，并且在完成所有管道安装后即可安装；

- 轻钢龙骨隔墙框架预先被组装好，在一侧装有石膏板，然后 214
运送到施工现场。接着，在架空地面上指定的位置将它进行
安装并进行布线。最后用石膏板将隔墙的另一边封上；
- 水平方向的梁设置在将要安装内分隔墙的位置上。

机械设备

- 单元具有用于制冷供暖的电动热泵；
- 浴室的排气口使用低输出风扇将整个住宅的废气排出；
- 厨房的新鲜空气进风口直接设置在厨房的架空地面下。

管道

- 特色供水方式：由树脂配管经"户内走线"连接住宅内的各
种设备，提供冷热水；
- 缓坡混合排水管连接至各个设施，最后排入竖向排水管。

线路

- 乙烯基护套的电线被布置在架空地面内、隔墙中及架空地面
的周边；
- 扁平电线计划安装在顶棚上，但尚未获得现有法规的使用认可。

图7.16　周边的电路电线槽（图片提供：HUDc）

215　## 7.2　芬兰填充体系统的开发

芬兰的住宅用填充体系统的开发得到来自行业和政府不断增加的资金援助。建筑物的全生命周期内，各种不同的结构性的解决策略的尝试使得平面和用水区域的调整，以及暖通空调系统的维护变得简单易行。现在整体卫浴已经投入市场。能够改善水平方向供水分布的轻型架空地面正在开发。实验地装系统采用了发泡聚苯乙烯、轻型混凝土、钢或木制的"枕木"上置面板。架空地面并不是独立的产品，在几乎所有项目中，它是由总承包商使用来自不同供应商的材料进行组装的。

尽管使用可变形钢制框架的阳台和外墙部品系统已经存在，但它们并没有被作为填充体的一部分使用。立面填充体系统的实验已经包括允许消费者选择阳台扶手材料以及关于窗户大小的选项。

整合了多个电气部品的可拆卸分隔墙系统已设计用于多个项目中。然而，有时在施工中会采用常规的轻型分隔墙进行替换。为了满足残障人士或有特殊需求的用户的需要，提升厨房橱柜的垂直可调性加速了高度可控橱柜和桌面系统（table-top）及其与电气产品集成的发展。

迄今为止，芬兰还没有开发出完整的填充体系统，或者建立可供选择以安装的填充体产品库。在使用过程中，原型系统中架空地面和可拆卸的分隔实验尚未获得完全令人满意的适应性（Tiuri，1998）。

216　## 7.3　中国填充体系统的开发

中国填充体系统的开发首先以按照日本和西欧的标准提高产品（和熟练技术人员）水平为核心。开发的产品包括：轻钢龙骨隔墙、石膏板隔断、普通的供水排水塑料管道、各种厨房和浴室设备、橱柜和器具、门、门框等。

北京的"管道-楼梯井体系的适应性住宅"项目（Pipe-Stairwell Adaptable Housing，1994年）是专门作为实验型支撑体而建的，以此可以评估来自不同供应商的填充体系统。马特拉填充体系统在中国也进行了特许专利的申请并于1998年获得认证。与此同时，他们一直积极寻找协助马特拉系统在中国市场上推广的中国公司。适应性住宅通用填充体系统研究小组在北京成立，并加入南京东南大学开放建筑研究与开发中心，致力于将新的填充体系统和支撑体设计引入住宅市场。

中国政府的政策鼓励各个家庭购买集合住宅内的单元，也同时促进"开放"住宅的概念。中国常规方式下的开放居住建筑就是开发商在建造房屋时，不提供内装修。填充体（的安装）是由住户个人雇用各自的承包商或者DIY完成的。截至本书成稿时，还没有广泛使用有组织和系统的方法和产品来使填充工作高效且具有成本效益，并且处于可接受的质量水平。

—— 致谢 ——

第三部分得到CIB Task Group 26和世界各地许多朋友和同事及时而实质性的贡献。

荷兰：在讨论填充体系统时，阿琪·范·兰登（Age Van Randen）提供了大量有关马特拉系统和欧洲发展背景的信息。约翰·哈布瑞肯（John Habraken）也提供了大量的知识、信息和电子图片。集开放建筑的发言人、实施者、客户、研究者多个角色为一身的独特的视角，卡雷尔·德克尔（Karel Dekker）提供了有关新型填充体系统及其实际操作的信息。HBG的弗里茨·舒伯林（Frits Scheublin）提供了使用开放建筑填充方式的相关适应性复建计划。OBOM的茹普·卡普坦斯（JooP Kapteijns）关于建筑节点的研究和伊佩·库佩鲁斯关于容量的研究被证明也是非常重要的。Bruynzeel Keukens公司的德克·奎克（Dirk Kuijk），以及奈胡伊斯（Nijhuis）公司的瑞恩·范·里格伦（René Van Riggelen）和温·范·德·多斯（Wim Van de Does）提供了非常有用的背景资料。普罗旺公司（Prowon BV）的总裁乔治·克普尔（George Kerpel）慷慨地提供了有关Interlevel填充产品的信息。

日本：镰田一夫（HUDc）、深尾精一、近角真一都帮助获取并分析了有关日本填充体层级的相关背景。先前的研究《面向日本的开放建筑的发展》（*Developments toward Open Building in Japan*，Kendall，1987）的访谈包括与山崎雄介（清水建设）、大野胜彦、仓季靖儿（长谷工）、奥田尚尔（市浦都市开发建设咨询公司）的交流。这些人提供了非常重要的信息。如果没有建设省（现国土交通省）的筑波建筑研究所的小林秀树提供的许多图片和背景信息，就无法撰写关于土地开发方法的筑波方式部分。日本的许多其他专家也为开放建筑的发展和相关信息的传播作出了重大贡献。遗憾的是，由于本书篇幅的限制，只能讨论它们的一小部分。

乌尔普·蒂里（Ulpu Tiuri）澄清了芬兰填充体层级的发展；张钦楠对本书理解中国的填充体系统开发的复杂情况起到了重要作用。

—— 参考文献 ——

Bijdendijk, F. (1999) *Buyrent: the smart housing concept.* Het Oosten, Amsterdam.

Carp, J. and van Rooij, T. (1974) De Ontwikkeling van een taal: het gebruik van een taal. *Plan.* no. 1.

Carp, J. (1979) SAR Tissue Method: An Aid for Producers. *Open House.* **4** no. 2. pp. 2–7.

Carp, J. (1981) Learning from Teaching. *Open House.* **6** no. 4. pp. 2–9.

Cuperus, Y. (1998) Lean Building and the Capacity to Change. *Open House International.* **23** no. 2. pp. 5–13.

De Jong, F.M., van Olphen, H. and Bax, M.F.Th. (1972) Drie Fasen van een Stedebouwkundig Principe. *Plan.* no. 2. pp. 10–52.

Dekker, K. (1997) *Stripping Without Disruption.* KD Consultants, Voorburg, Netherlands.

Eger, A.O., van Riggelen, R. and Van Triest, H. (1991) *Vormgeven aan Flexibele Woonwensen.* Delwel Uitgeverij, ' s-Gravenhage, Netherlands.

Fukao, S. (1998) A Study on Building Systems of Support and Infill for Housing in Japan, (ed Wang, Ming-Hung) *Proceedings: Local Transition and Global Cooperation. 1998 International Symposium on Open Building.* Taipei, Taiwan. pp. 100–102.

Habraken, N.J., *et al.* (1976) *Variations: The Systematic Design of Supports.* MIT Press, Cambridge, Mass.

Habraken, N.J. (1998) *The Structure of the Ordinary: Form and Control in the Built Environment.*(ed J.Teicher) MIT Press, Cambridge, Mass.

Kendall, S. (1995) *Developments Toward Open Building in Japan.* Silver Spring, Maryland.

Stichting Architecten Research. (1974) *SAR 73: The Methodical Formulation of Agreements Concerning the Direct Dwelling Environment.* Eindhoven.

Tiuri, U. and Hedman, M. (1998) *Developments Towards Open Building In Finland.* Helsinki University of Technology, Department of Architecture, Helsinki.

van Randen, A. (1976) *De Bouw in de Knoop.* Delft University Press, Delft.

Vreedenburgh, E. (ed) (1992). *De bouw uit de knoop...?/Entangled building...?* Werkgroep OBOM, Delft.

Vreedenburgh E., Mooij M. and van Randen, A. (1990) *Leidingsystematiek.* Werkgroep OBOM, Technical University of Delft, Netherlands.

第四部分

经济及其他方面

第8章 开放建筑经济学

8.1 基本经济原理

原则上，支持开放建筑的经济学论证是基于三个方面的因素：初始项目费用、长期成本，以及包括衍生的社会利益的总价值。

长期以来，以短期成本为基础，甚至以初始建设成本为基础的评估，都无法证明开放建筑是合理的。因为要考虑附加的需求，开放建筑支撑体结构的建造成本更高。所含信息知识的增值、填充体产品的成本也远远高于传统的室内装修。因此，开放建筑项目长期捍卫的是为住户提供更有意义的选择，并带来长远的社会效益。

实际上，也有项目数据支持证明开放建筑带来的短期效益。经过100多个项目的数据分析表明，开放建筑的初始成本效益已经得到实质性的证明。最初的成本节约主要是由三个因素决定：1）延缓和优化填充体的投资；2）加快完工，从而减少支撑体施工的成本；3）施工协调成本的减少。从大多数项目和市场来看，由于支撑体施工成本的减少，即使是选用了先进的开放建筑填充体系统，开放建筑的初始项目总投资相对于传统建筑也是有竞争力的。正因为已证实的经济性，即使并不以住户选择为目标的住宅项目，其开发商有时也会选择填充体的方式安装。这在新建工程和既有工程改造或适应性再利用项目中均已发生。

开放建筑项目可能跟传统建筑的折旧率差不多一样，或者采用两种不同的折旧率：一种用于支撑体，另一种用于填充体。跟传统建筑相比，开放建筑的部品更新或者更换冲突更少，并且更容易控制质量。开放建筑还可以更有效地拆卸其子系统，然后重新组装或处置。为适应长期变化而建立的"支持体/填充体"项目，减少了昂贵的维修费用，也不用进行破坏性的改建，从而拥有更长的使用年限。简而言之，假设传统建筑和开放建筑的初始投资不变，在传统建筑的价值工程效益停止增加后，开放建筑的效益还会继续持续数十年。开放建筑的益处及其作为传统建筑替代品的可行性，也可由建筑性能的长期分析得到证明。

在传统的财务分析中，建筑成本有时计为投资和生产的总和。这种财务计算方式完全忽视时间的经济价值和变化的速度。此外，所有建筑物在其整个使用寿命中都表现出不同的周期性变化。这种变化的快慢受内部（建筑物的细节）和外部（经济和市场）两个因素的影响。在建筑物使用生命周期间内相对可预测的是：从整体上看，变化是连续性的或是较长时期内保持不变的，仅此而已。

分析还量化了特定用途、系统和部品，讨论其如何以更快的速度变化。在许多情况下，如果可以在不进行大量拆除、破坏和冲突的情况下实现某些子系统的升级和更换，则该建筑将受益于更快的升级和更换周期。例如，厨房及其电器、橱柜和装饰的变化要比浴室快一些；浴室在布置平面之前要先更换固定装置和饰面。比起住宅中的任何其他区域，厨房和浴室的翻新频率都要高。电子和计算机相关设备的使用已急剧增长，需要在建筑物范围内进行升级以满足不断增长的电力需求。现在，电源、数据和信号线以及插座已理所当然地连接到住宅中的每个空间，然而6年前这些设备并不普及。

为了能够考虑财务计算的时效性，开放建筑项目首先分成由几个部分控制的决策组：

- 短期利益相关的开发商或建筑商；
- 短、中、长期利益的居住者（或其代理人）；
- 关心中、长期利益的业主［尤其是公共所有者，以及美国的房地产投资信托（REITS）］。

　　与各方有关的财务信息是单独计算的。用开放建筑的术语来说，这是基于与每个决策集群相对应的支撑体和填充体的物理元素进行计算的。填充体的决策群的创建给予了住户投资的机会，否则他们对房子的折旧束手无策。显然，租户大量的填充体投资会大幅增加建筑主体和项目成本；然而，这不会增加业主和建筑主体投资者的成本负担。随着时间的推移，业主的资产价值上升，部分可量化的社会红利也会持久生成。这样，填充体的投资明显会影响建筑主体的长期估值，但不会直接给业主在成本上造成负担。

　　国家或地区的政策及实施措施（投资和税收结构）等因素，影响开放建筑估值的经济诱因或抑制因素差异很大。尽管如此，某些通用估值原则仍是影响开放建筑实施的关键因素。

224
　　1. 长期因素的评估

　　当目前投资决策的长期效应受到极大关注，并且充分计算了短期投资的所有负面影响时，开放建筑作为一种建筑策略是最受支持的。

　　2. 对决策分级

　　当投资者、业主、项目团队在重新调整最初的投资时，开放建筑的财务效益则可以得到最佳优化。这涉及当支撑体和填充体进行设计、施工时，需要按层级构建不同决策集群。

　　3. "交钥匙"填充体系统的协调

　　在以消费者为导向的经济体中，将填充体作为集成产品提供时，开放建筑的有效性会大大提高。就像以特定的自定义选项和配置购买汽车或计算机那样，提供一个"交钥匙"方案给消费者，由一个值得信赖的小组负责快速配送并现场安装，那么这样的填充体将是最高效的。

　　4. 填充体产品的认证

　　符合产品标准和建筑法规的填充体系统可以被认证为产品。这样的认证会提高产品效率，大大加快建筑许可管理，以及省略或减少现场检查。事实上，在荷兰和德国，这种认证目前已经由马特拉系统实现。

　　开放建筑重新定义了各方的责任和成本的分担。因此，这将会带来创新的可能性，无论是项目融资和长期资产管理，还是更加精确的项目评估方式。以下各节将介绍在日本和荷兰实现开放建筑的两种截然不同的经济方式。

8.2 筑波方式

经过数年的研究和开发，基于筑波方式的一系列开放建筑项目于1995年开始建设。这个方式是为了应对与"使用权"法律和住房融资相关的许多问题，其目的是在日本率先提出一种新的土地所有制形式和住宅金融概念。为此，采用了"两阶段住宅供应"方法。本书成稿时，已经完成包含85个单元的8个项目的建设。有意义的是，第一个项目是由建设省（现国土交通省）启动的，而最近的一个项目是由民间组织负责的。

为对应生活阶段状态变化而进行住宅的改变，在日本社会中由来已久、根深蒂固。对于年轻夫妇来说，在集合住宅中以"标准品质"开始他们的住宅生活是一种惯例。他们会在这种过渡期的住宅中住上5～10年，然后再搬到独户住宅，直到晚年他们才会再次搬到公寓居住。

不幸的是，由于住宅成本的长期急剧增加，相当大比例的人无法攒够资金购买和维持独户住宅。造成不可逾越的住宅成本的主要原因，是由于日本的土地所有权相关的法规，还有就是可以用来建造住宅的用地的严重短缺。

此外，高成本通常也限制了日本的土地所有者直接开发自己的土地或自行建造。因此，土地所有者通常将土地的"使用权"立契转让给第二方，后者随后用这块土地来建造房子，而土地所有者仍然依法保留所有权。因此，从理论上来讲，土地所有者拥有收回使用权的权利。但实际情况是，"使用者拥有"是优先的。结果造成土地所有者几乎不会驱赶已经获得土地使用权的第二方——如果曾经有过的话，也不会直接收回土地。由于风险过大，土地所有者很少出售他们的土

226

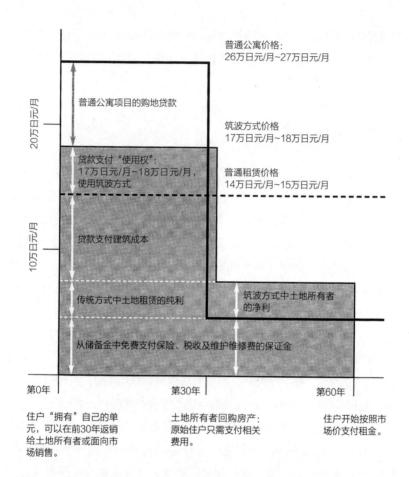

图8.1　筑波方式流程图解：三种所有形式的成本比较：租赁、购买公寓以及筑波方式
　　　　　［图片提供：建设省（现国土交通省）建筑研究所］

地使用权。因此，很难找到合适的建房土地，况且成本也很高。

227　　　　筑波方式实现了一种新的土地所有权形式，其目的是提供给人们在集合住宅中可以长期地幸福生活的居住条件。

　　　　筑波方式中（图8.1），一定程度上类似伦敦的永久业权，土地所有者实质上将土地租赁给合作社，同时保持所有权。作为对严格限制其长期使用权的交换，合作社成员享有较低的初始成本和可预测的长期成本。在最初的30年，他们共同拥有整个项目。在第31年，土地所有权归地主，地主根据事先的合同开始将其出租给住户。在接下来的30年中，就像公寓一样，住户仅需支付维修/保养费，还需每月支付少量的土地租赁费。在第60年，所有单元自动归还给土地所有者，并以市场价格出租。

两阶段住宅供应方式最困难的问题是如何为项目融资。根据日本房地产法，建筑和土地的所有权是可以分离的。土地的抵押价值是高于建筑的抵押价值。日本住宅金融公库（HLC）对此问题进行了研究，然后开发了新的租赁贷款，即只有建筑抵押贷款，而没有土地的。通过实施新的住宅贷款体系促成了筑波方式的实施，住宅金融公库作为"共同发明人"发挥了重要的作用。最终结果是现在可以在不抵押土地的情况下得到80%房价的贷款。

8.3 购买-租赁的概念

购买-租赁方式［Buyrent（Koophuur）］是荷兰新实施的体系，在此系统中，租房者可以购买其公寓的填充体（内部）。填充体的购买者可以享受正常的住宅所有权的利益，包括可抵税的抵押贷款利率和修改住宅内部空间的权利。

购买-租赁方式的想法由Het Oosten的总裁兼经理弗兰克·比登迪耶克（Frank Bijdendijk）于1988年首次提出，Het Oosten是阿姆斯特丹最大的非营利性房地产公司之一。为开发这种创新方法以及使其发挥作用的必要的法律和金融工具，他们共花费了9年的时间和300万荷兰盾（合150万美元）。实施工作需要与荷兰住房和规划部（VROM）和财政部进行认真、持续的协调，必须解决诸如怎样保持填充体购买者的租金补贴的权利，以及如何允许居住者扣除购买家用填充体产生的抵押贷款利息之类的问题。该实验还获得了阿姆斯特丹市政府和公共住房保证基金（Waarborgfonds Sociale Woningbouw，WSW）的额外批准。Het Oosten不仅自己使用购买-租赁方式，还打算向其他集合住宅的开发商推广。

购买-租赁方式的第一个实验包括250个住宅。它在1998年进行了评估。最重要的发现如下：

- 购买-租赁方式吸引了一个广阔的市场，包括各种年龄层、收入水平、住宅类型和家庭类型；
- 对低收入群体，购买-租赁方式代表了参与住宅市场的一种新的选择；
- 购买-租赁方式提供了一种管理工具，以加强住户对公共住房项目的参与；
- 包括用于评估单元成本的创新方法在内的购买-租赁方式工具，已经被证明运用在实际中；
- 购买-租赁方式产品之所以吸引用户有两个原因，一是它提供所有权；另一个是它提供灵活的融资方案，并提供了多种选择来设定长期住房成本。

所有权可带来明显的节税优势，并让住户有更多的自由适当改造和改善住宅单元的内部。改变或许能提升住宅填充体再出售时的资产价值。但是，不管调整对经济上有何影响，当住宅单元处于清空状态时，住宅的所有内装都顺理成章地恢复自由状态，重新开始。

229

购买-租赁方式提供给业主的选择不仅影响总的住宅成本，还影响每月还款要求。填充体购买者可在两种选项中选择：一种是支付较低的初始月供并随后逐渐增加；另一种是较高的初始月供然后再逐渐减少。根据阿姆斯特丹首次购买-租赁方式实验的结果，对大部分参与者来说，购买-租赁方式实际上会降低住宅成本。但是，令人惊讶的是，购买者的兴趣更多是被可根据个人情况调整每月成本推动的，而不是来自降低总住宅成本的愿望。

国家购买-租赁方式基金会（A National Buyrent Foundation）成立

于1997年，积极合并了全球人寿荷兰保险公司（Aegon Nederland BV）和Vesteda管理公司（Vesteda Management BV）[国家购买–租赁方式基金会的前身为ABP住宅基金（ABP–Housing–fund），ABP是荷兰最大的养老基金，也是世界上最大的养老基金之一]。

最初，这种新的住宅融资方式的展开引起了法律界激烈的大辩论。购买–租赁方式方案将公寓住宅所有权合法地与公共空间所有权分开。最终，大多数律师承认了其在荷兰法律上的合法性，并定论其为一种有效的所有权分离概念。在撰写本书时，一个独立的购买–租赁方式金融公司正在成立。作为一个重要的法律、行政和财务运作模式，它将允许荷兰的任何租户购买所租赁物业的内部，或出于购买目的进行贷款，或执行管理协议。Aegon和ABP是此项投资的开拓性合作伙伴。这两家公司进一步扩展购买–租赁方式，并试图进军高端住宅市场。针对高收入人群的出租物业，公司期望就像公寓产权的所有者那样，允许前一个租户直接将他们的填充体出售给新租客。

8.3.1 购买–租赁方式的法律与金融方面

根据购买–租赁方式协议，住宅单元的所有权被分成建筑主体和内部（即填充体，包括非承重内隔墙、地面、设备和装饰层等）两部分。内部的所有权是向一个购买–租赁方式机构购买的。购租户从业主手里租来建筑主体空间；然后他们还购买填充体组装包，随后可以完全对住所进行管理，并负责担负对其维护及部品更换的投资。

购租户享有一种不寻常的购买保护形式：购买–租赁合同的条款既覆盖了建筑主体空间的出租部分，也包括了最终的填充体。当合同到期时，购租户可申请业主回购当初买的填充体，并提供订单的清单，业主也有义务给予回购。填充体的转售价格，是由独立的评审员按照专门为购买–租赁方式而开发的评估方式决定的。住宅内部的价值主要取决于其设备和公共服务设备的维护和质量水平，以及内装部品的技术质量。其他考虑的决定要素，如有效的特别租赁政策、现行利息和通货膨胀率等，都会影响到售价。对于购买回来的住宅内部权利，业主可以选择按传统的方式出租，也可以重新选择购买–租赁方式。

购买–租赁方式提供的融资机制包括延迟贷款。根据荷兰财政部的《私家住宅规则》(private homes ruling)的方针，与传统抵押贷款一样，此种贷款的利息可以完全抵税。结果是，借钱购买住宅的人可享受与其他任何有抵押贷款的购房者相同的税收优惠。将来，传统的抵押贷款可能延伸并覆盖到购买–租赁方式。

8.3.2　购买–租赁方式对住宅和其业主的意义

回购评估的方式是为将维护和改善的主导权赋予居住者而设计的。如果购租户对住宅内部维护得很好，也投资了所有必要的例行更换和升级，这样住宅的房产价值就会上升。同样，对于改善基础材料、装饰面及家具的投资，也将在增加的估值中反映出来。

与传统的租户相比，购租户可以享受更大的变更自己住宅的自由。这适用于所有级别的定制——从挂一张画到做个架子，再到重新布置隔墙或者翻新浴室和厨房。购租户通过对自定义填充体的投资，可创造出满足其需求的居住空间。购买–租赁方式，给那些不满足于当前住所的、非搬家不可的居住者们提供了可变通的选案。对他们来说，寻找其他住处变得没有必要。

其结果是，这种方式提高了整个建筑及其与近邻关系的稳定性。因为购租户自身负责建筑中变化最大的填充体的维护，所以业主维护管理的参与会减少。这样，可以避免过时太快和使用不当而造成的风险。

购买–租赁方式不涉及建筑主体维护的改变。业主仍要像以前一样对建筑主体的维护负责。尽管如此，由于持有自己填充体的购租户大大增加，他们对建筑本身维护、管理的关心和责任心也会增加。

购租户对建筑主体的状况会更给予关注，更愿意投资和要求更好的品质。

与传统的出租方式相比，购买-租赁方式会增加业主的初始交易和管理成本。这些直接的成本预计可以通过降低租户周转率、减少合同期间内的管理成本，以及增加建筑物的估价来弥补（Bijdendijk，1999）。

第**9**章 | 开放建筑的相关趋势

9.1 组织范围的趋势

在开放建筑论的住宅设计与实践成功扎根并开始在多种建筑文化和国家环境中发展的地方，也一直伴随着某些压力及与当地背景相融合的挑战。关于世界上所有开放建筑能成功扎根的因果关系，很难一概而论。尽管如此，还是可以观察到一些一般的趋势。

9.1.1 对摩擦和冲突减小的需求

在众多趋势中，首要的是减少住房过程涉及的、各方之间的摩擦和争论的大量需求。在面向消费者的社会里，这种冲突包括：各个家庭的生活方式与公共管理机构、各种规模的开发公司或者社团强加的制约之间的矛盾。要求减少摩擦的建筑行业、专家和技术体系，其范围非常广泛。尽管如此，解决冲突和争端仍代表了那些对开放建筑进行大量投资国家的普遍关心。

至于调解项目的中断，比起技术上的方案，争端的解决可带来更大的好处。这其中考虑了解决整个住宅设计、建造、管理和改造过程中的矛盾所需的时间和资金的投入。除了由于竞争或冲突欲望以及重叠纷争引起的冲突之外，高度关联的建筑和建设过程进一步加剧了多元化贸易和程序方式引起的纠纷。因为所有这些类别之间都存在紧密的相互依存关系，所以一个领域中的问题（或解决方案）会极大地影响其他领域。

随着时间的流逝，许多建筑和监管流程、技术产品和技能已被纳入常规建设与实践。它们之所以可以继续被使用，恰恰是因为它们有助于减少相关各方之间的摩擦。也就是说，因为它们在给建筑企业相关利益方提供最大的独立性、便利性、效率或者自由的同时，还能产生可接受的结果。因而，建筑过程、产品和技能才得以持续地存在。

一个很好的例子是由公共基础设施和公共街道提供服务的独立式住宅。这被认为是提供郊区住房生活方式的最佳途径。独立式住宅可轻松实现定制。它可实现住宅风格、空间特征、收纳系统、装饰、电器和设备方面的个人喜好。这种独立式的住宅很容易更改和扩展。尽管传统的独立式住宅会有非常规的系统和程序纠纷，但这种住宅的类型及其社会环境也在一定程度上缓解了技术设计的低效性。许多情况下，一般的住宅装修拖几个月也是常有的。这段时间内，各种行业的分包商们毫无组织地在现场来来去去，这种做法会导致一系列的纠纷、返工和成本超支等质量管理问题。尽管如此，一般情况下，独栋住宅模式与相邻住房之间互不影响、干扰。

在小区高密度、住房大量化、追求更进一步的可持续城市环境的 234 压力下，独立式住宅的低效率变得越来越难以接受。另一方面，（集合住宅中）相邻而居的家庭，也需要一定程度的自主权和自由，因而建筑必须同时满足个人和集体双方的愿望。随着消费者文化的传播，越来越多的建筑法规要求停止将集体选择强加于个人选择之上。当然，个人改变建筑要素的自由也不能反过来对社区的利益产生负面影响。为了更好地鼓励住户灵活变更内部环境，住宅内的机械设备、电气和管道系统应尽量像插电脑电源一样简单和直接，也要像其他家电一样能安全操作。

开放建筑方面的专家发现，住宅建设的技术体系长期逐步积累（这个过程已经进行了一个多世纪，并且在过去40年中一直在加速发展）的建造方式已经到达极端冲突的危机点。他们通过重组建造方式，将建筑主体和填充体区别开来，从而能够帮助解决这些压力和冲突，并努力实现更好的品质和更好的选择。

9.1.2 建设·公共事业·制造业的变化

对建设行业进行部分监管是为了保护社区和个人财产投资，但最重要的是保护公共健康、安全和福利。因此，必须妥善解决所有与消防和生命安全法规有关的问题。出于相似的强制性的安全原因，与公共事业相关的电气、管道、供暖、空调和通风系统等也应当妥善管理。建筑产业中开放建筑的进步，一方面决定于每个国家的特殊文化和产业构成，另一方面也决定于法规、资源系统和制造业等重要的外部因素。容后详述。

235 9.1.3 建造许可流程和填充体系统

为了开放建筑的实施，必须对某些建筑法规和建筑许可流程进行修改，尤其是导入综合填充体系统的情形。首先，理论上，申请住宅支撑体的建筑施工许可证应遵循常规的北美商业建筑主体惯例。在此模式中，对于单元大小、面积安全范围、法律等相关的建筑许可手续的细分，不是按照规格来制定，而是基于性能规定来考虑。在开放建筑的住宅项目的认定方面，因为各种大小不一的单元拥有多种填充体适用的规定，所以，它与支撑体同样，可以用一个许可进行性能保障。因为支撑体和填充体的性能得到确保，支撑体的长期价值和安全性也就得到了保证。其次，小区密度和停车场等有关对近邻的影响问题也能得到很好的解决。而且，住户和开发商也可以自由选择合适的填充体。

许可申请手续被分成了三个阶段：支撑体、建筑细分（分割）和填充体。基于许可流程的分阶段方式，支撑体在无须提供最终的单元户型的比例、实际建造的单元面积及总户数的情况下，即可获得建造许可。另外，这样的手续重建，还从三个层面合理化了公众对住房的影响。当决定用什么填充体后，他们的影响性是依次递减的。它使建筑官员将他们的公众时间集中在支撑体的社区层面，同时使他们免于承担私人事务或对居民的生活方式、家庭预算等进行强烈干预。

9.1.4 公共服务机构的协作

成功引入填充体系统的第二个最基本的要求是提供电力、电话、给水、排水、燃气的公共服务（资源或供应系统）公司的协作。在开放建筑建造过程中，这些系统中填充体或设备部分由住户自己负责。尽管如此，为了保障住宅的安全性，必须确保不会因为住户自行安装而毁坏了住宅的公共基础设施。单个住户的决定也不能给其他的公共服务消费者带来干扰。近年来，电话的连接已经实现了这样的分离做法。同时，采用并联方法使得供水和燃气管道的终端用户各自独立。至于作为智能化住宅的家庭总线系统（Home Bus system）一部分的家用电子安全装置，也在由欧洲共同体研发进行中。

1994年，荷兰公共事业公司执行了一项新政策以促进开放建筑的实施，即熟练的、多技能的认证安装人员（QCI），为了能从事多个工种的工作，提交一份施工认可证明书即可。这一新的流程，免去了建造前的施工计划评审，以及紧随其后的多个连续的施工检查。要认证成为填充体安装人员（QCI），公司和相应的工作人员必须证明他们是有资格安装某一类"产品"的，这类产品包含了工作认证范围。这个证书是由包含了所有公共事业公司的一个协会授予的。这样的协会反过来是从许多方面的压力中发展出来的，这些压力是通过合理化认证来减少冲突。特别是将地方建筑官员的控制权合理化，否则，这种控制可能会阻碍审批流程，增加成本并导致延误（Vreedenburgh, 1992）。

9.1.5 建筑业与制造业

自工业革命以来，制造业和建筑业一直是非常重要的：建筑业在19和20世纪的历史，很大程度上就是让制造出来的部品逐步进入现场工地的过程。制造业的部门在建筑生产里渐渐宣布了其领导者的角

237　色。21世纪将会看到知识密集型制造产品的进一步加大使用，至于这些产品如何才能满足单个家庭和其社区的需求和偏好则是至关重要的课题。

建造时考虑到不变和可变部分的开放建筑，现在急需制造业部门更多的新举措。新的提案必须满足层级重组后的新性能的要求。项目设计团队和客户越来越意识到，他们无法建造整个建筑，他们也没有十分渴望地或生产性地去探索答案。因此，按不同的层级进行整合成为关键。如之前解决办公产业面对的压力一样，制造业及其相关的配送链正在慢慢开始为住宅产业开发一系列的产品和工艺流程。

除了制造和产业法规有关的基本问题（安全性、回收利用、减少废物等）外，开发居民消费市场的住宅部品顺理成章地成为下一个课题。如下因素展示了开放建筑部品的进一步开发方向：

- 许多国家不断增长但还未充分利用的工业能力；
- 以合理的价格有效地满足消费者对住宅选择的需求；
- 公共政策环境（包括经济和其他结构性激励措施）对于兼顾耐久性和变化可能的建成环境的长期投资，具有强大的推动力；
- 在建筑法规和性能评估方面，明确区分了公共利益至上和可以确保安全的基础上由个人定夺的事情。因此，住宅性能标准不得将住宅整体视为一个单一的"产品"。相反的，应根据层级组织工作；
- 针对上述因素而开发的产品、流程、设计和施工技能有助于减少技术接口，并简化了整个设计和建造过程中的信息交换。

238　## 9.2　结论

全世界开放建筑的发展共同形成了前所未有的局面。开放建筑理论对大家来说已不是新生事物，它已植根于强大且适应性强的本土环境中。20世纪后半叶建成环境的技术和组织的实态却代表了主要部分的转变。几个方面都证明了这一点，如新建筑方法的出现、含评估时间因素的经济分析的新方法，还有突破一般法律和金融方式的、象征新高超手法的所有权的分配。

我们在日常生活中越来越依赖于复杂和混乱的技术体系。这种强烈的依赖性以及同样强烈的期望相结合——即建筑和住宅要满足实际（和变化的）喜好，以及独特的个人、家庭和社会的需求。当与社会期望结合时，这种依赖性现在对以专家知识代替用户自己决定的项目提出了无与伦比的挑战，更普遍的是对住宅建设过程的现状提出了挑战。遵循专家对住户喜好的专业判断，因无法预料对住宅的需求，更难以达到满足。

很显然，现在住宅生产遭受着技术复杂性持续加大和建设规范和过程监管方面混乱的影响。后大量住房时代的监管虽然铺开了，但并没有做到合理性、平均性。开放建筑基本原则以层级为手段，理顺了决策和组成部分，所以能减少各部分的冲突，并因此控制各部分去适应21世纪新兴的建筑环境日益困难的技术与组织的问题。这就意味着，减少冲突和分配责任就成为营造宜居、和谐的建筑和社区的不可或缺的原则。

239   ―― 致谢 ――

关于开放建筑经济学的讨论，在很大程度上参考于赫曼·泰普曼·布拉特（Herman Templemans Plat）和卡雷尔·德克尔（Karel Dekker）的大量论文和文章，以及保罗·卢卡斯（Paul Lukez）的《住房新概念：荷兰的支撑体》（*New Concepts in Housing: Supports in the Netherlands*，1986）。数年前，约翰·哈布瑞肯（John Habraken）就提醒我们注意购买-租赁方式。随后，他不断提供信息，让我们了解项目进展，并最终帮助我们从倡议者弗兰克·比登迪耶克（Frank Bijdendijk）（其领导的工程，完成了从憧憬到现实的跨越）那里获得了资料。随后，哈布瑞肯进一步帮助翻译了所获材料的关键部分。尼尔斯·拉尔森（Nils Larsson）和卡雷尔·德克尔二人通过组织关于开放建筑和可持续性问题之间的联系的讨论，给予我们莫大的启示。

―― 参考文献 ――

Bijdendijk, F. (1999) *Buyrent: The smart housing concept*. Het Oosten, Amsterdam.

Dekker, K. (1982) Supports Can Be Less Costly. *Dutch Architect's Yearbook*, the Netherlands.

Hermans, M. (1998) The changing building market as an impulse for flexible, industrialized building. *Proceedings. Open Building Implementation Conference, Helsinki.* June.

Lukez, P. (1987) *New Concepts in Housing: Supports in the Netherlands*. Network USA, Cambridge, Mass.

Tempelmanns Plat, H. (1998) Analysis of the primary process for efficient use of building components. *Proceedings: CIB World Congress on Construction and the Environment*. Gävle, Sweden.

Tempelmanns Plat, H. (1996) Property values and implications of refurbishment costs. *Journal of Financial Management of Property and Construction*. Newcastle, UK. pp. 57-63.

Tempelmanns Plat, H. (1995) Annual cost and property value calculation based on component level. *Journal of Financial Management of Property and Construction*. Newcastle, UK.

Tempelmanns Plat, H. (1990) Towards a flexible stock of buildings: the problem of cost calculation for buildings in the long run. *Proceedings*: *CIB Congress, Wellington, New Zealand.*

Boas-Vedder, D.E. (1974) *Het Dynamisch Groeiproces*: *een nieuwe wijze van stadscentrum- ontwikkeling.* Vuga Boekerij, The Hague.

第五部分

概要与总结

第10章

各国的开放建筑活动

243 　　近年来，世界范围内开放建筑的实施率持续上升。尽管没有一本书能够绝对公平地概括现在各国的各种努力、范围和规模，第五部分仍总结了正在进行中的开放建筑活动和发展，以及个人对于实现开放建筑的投入和贡献。接下来，本书将介绍前面章节中未着重提到的活动和提议。此外，本书简单介绍其他人员、研究项目、初步调查、出版活动，同时简要列出积极资助或以其他方式支持开放建筑开发的政府和其他机构。

10.1 荷兰

　　荷兰住宅生产技术、建筑技术的革新和研究活动一直得到来自政府和欧盟各种组织的资金投入。为了开放建筑的实施，OBOM、其他的研究小组和制造商、联盟、个人都已使用此类资金来支持创新工作。荷兰的开放建筑活动即使冠以不同名义，但并未减少。在许多情况下，开放建筑和其类似手法的支持者与早期支撑体和开放建筑先驱
244 的联系有限。最近的一些发展在此还没来得及涉及，也有一些从数十年前开始的活动至今仍在延续。

10.1.1　大学

10.1.1（a）　艾恩德霍芬理工大学

　　泰斯·巴克斯（Thijs Bax）作为SAR的创始成员深入地参与了肌理模型概念的发展，并带领建筑学院在数年内取得开放建筑理论的发

展。保罗·鲁滕（Paul Rutten）进行了与开放建筑实施相关的研究，涉及全球复杂建筑中智能且易于改装的机械设备。赫曼·泰普曼·布拉特（Herman Templemans Plat）继续推进开放建筑经济性方面的早期开拓研究，欧洲各地大学生纷纷参与其中。扬·泰斯·伯克霍特（Jan Thijs Boekholt）仍在积极进行与开放建筑有关的电脑信息方法的研究。扬·维斯特拉（Jan Westra）参与了各种包括开放建筑在内的住宅生产的创新活动，同时他也是BOOOSTING建筑创新小组的董事会成员。

10.1.1（b） 代尔夫特理工大学

OBOM（开放建筑模拟模型）小组的主管伊佩·库佩鲁斯（Ype Cuperus）一直从事与开放建筑的方法论和实践密切相关的研究和出版活动。他代表OBOM在全世界范围内进行组织团体之间的联系并寻找开放建筑的信息，还对在荷兰出版的与开放建筑相关的出版物书目进行持续更新。OBOM的茹普·卡普坦斯（Joop Kapteijns），持续进行有关"建筑节点"和"立面"系统化的前沿研究，并朝着使子系统完全独立的关键步骤迈出了重要一步。自SAR成立以来，卡普坦斯活跃于SAR初期的开放建筑中，并因其20世纪70年代的城市肌理研究而闻名。他还实施了住宅和商业的开放建筑项目。OBOM的创始人代尔夫特理工大学建筑学院前院长阿琪·范·兰登（Age Van Randen）身为知名 245
的填充体系统专家，也是Infill Systems BV公司的合伙人，不断探索和推动开放建筑的发展。罗伯·格莱茨（Rob Geraedts）教授也实施了许多SAR研究项目里有关住宅和商业开放建筑的项目管理的研究。1984年设立的开放建筑基金会，在实践中传播开放建筑的想法、原则并实施实践机会，同时通过科学研究促进开放建筑进一步发展。基金会的秘书处、出版和信息中心就设立在代尔夫特理工大学OBOM的办公室内。基金会最近联合了OBOM、开放建筑之友以及其他支持者于1997年5月举办了有关"CIB TG 26开放建筑实施"的研讨和会议。

10.1.1（c）　阿姆斯特丹自由大学

科斯·博斯马（Koos Bosma）、杜林·范·霍格斯特拉登（Dorine Van Hoogstraten）、马丁·沃斯（Martijn Vos）共同完成了2001年出版的有关SAR历史的图书《面向百万民众的住房：约翰·哈布瑞肯与SAR：1965—2000》（*Housing for the Millions*：*John Habraken and the SAR*：*1965—2000*）。约翰·卡普（John Carp）从1976年开始任SAR所长，一直掌握着大量的第一手资料。

10.1.2　实践者们

福克·德·容（Fokke de Jong）和汉斯·范·奥尔芬（Hans Van Olphen）[早年与泰斯·巴克斯（Thijs Bax）一起在J. O. B. 担任建筑师]合伙一起工作数十年间，实现了商业、住宅、混合功能以及遍布所有层级的开放建筑项目。德·容·伯克斯金（De Jong Bokstijn）以新建建筑和改造建筑作为对象，一直从事开放建筑项目的设计。这里面有些使用了传统的填充体，其他使用了像马特拉填充体系统等那样的最先进的综合性填充体系统。

弗兰斯·范·德·威尔夫（Frans Van der Werf）闻名于美国、中国和芬兰，教授并指导所有环境层面的开放建筑的实践。他将克里斯托弗·亚历山大（Christopher Alexander）的模式语言、屡获殊荣的生态设计和开放建筑的原则紧密结合在一起，也进行开放建筑的实践活动。他还是《开放建筑》（*Open Building*，1993）的作者。

来自RPHS（Reijenga，Postma，Haag，Smit and Scholman）建筑师事务所的亨克·雷恩加（Henk Reijenga），基于开放建筑的方式投身于城市肌理的设计和住宅生产的实践。他的项目包含了新建和改建两方面。

TNO建筑技术研究院的策略研究、质量保证、建筑法规部门的主任卡雷尔·德克尔（Karel Dekker），同时也是CIB TG 26任务的协调与网站管理员。德克尔一直是欧洲和世界范围内提倡开放建筑的先锋，推进了与可持续主题的联系。他在应用经济学方面的工作为他实现开放建筑改建项目奠定了基础。

建筑师、工业设计师、前OBOM成员埃里克·福来登伯格（Eric Vreedenburgh），一直探索项目中开放建筑方式的可能性和限制性。他的工作与特定的文化主题相联系，最近在荷兰出版了《不可避免的文化革命》（*The Inevitable Cultural Revolution*）。

HBG建筑房地产公司（HBG Bouw & Vastgoed）下属公司的HBG工程机构（HBG Engineering）主管弗里茨·舒伯林（Frits Scheublin），一直积极支持开放建筑的发展，比如鹿特丹的Vrij Entrepot Loft居住区。他一直致力于将建筑施工变得更安全、更少污染、更便宜、更快，更容易改变且耐久性更好。其他建筑师及建设者包括：Karina Benraad；Teun Loolhaas；Duinker，van Der Torre，Vroegindewei；De Jager and Lette；Buro voor Architectuur en Ruimtelijke Ordening Martini BV；HTV Advisors BV；Bouwbedrijven Jongen，BV；Architect Office Lindeman；Andre van Bergeijk等。还有其他活跃分子一直在荷兰国内外进行开放建筑项目的实践。还有许多其他人都在进行类似的项目实践，即使有些不能被确认是开放建筑的范畴。

10.1.3　研究机构

247

除了前面提到的这些机构，还有很多公司和组织数十年间持续进行有关开放建筑的研究。近十年涉及的机构、项目、产品如下：

- EGM Architecten BV：对开放建筑有效性进行了调查，为荷兰国家政府提供政策建议。

- Nederlandse Herstructurerings Maatschappij（NEHEM）：支持开放建筑的实践活动。

- DHV Raadgevend Ingenieursbureau BV：致力于研究在办公楼进行与开放建筑相关的填充体安装，并进行具有里程碑意义的成本的研究。

- Nederlandse Woningraad（NWR）与Nederlands Christelijk

　　　　Instituut Volkshuisvesting（NCIV）：共同制定与开放建筑相关的政策建议。

- Onderzoeksinstituut Technische Bestuurskunde（OTB）：进行了开放建筑的法律和金融方面的研究。

- The Technical University of Delft：代尔夫特理工大学一直进行模数协调、方法论、系统开发、建筑组织方面的研究。

- The Faculty of Law at the University of Limburg：林堡大学的法律部研究了开放建筑实践中的相关法律问题。

　　越来越多的机构和个人参与到住宅填充体系统或者部品子系统的研究、开发和市场推广当中，其中最突出的包括：Bruynzeel BV；ERA；the ESPRIT consortium；Infill Systems BV；Nijhuis Bouw BV；Prowon BV；Infra+；Karel Rietzschel。

248　## 10.1.4　其他政府机关和基金会

　　各种行政机关持续推进开放建筑项目和研究，以全面理解开放建筑及其相关发展。《灵活住宅》（*Flexible Housing*，荷兰住宅环境部32页的出版物）讨论了5个开放建筑项目，并列出了相关的部品制造商、设计师、施工单位。1999上半年，由政府资金援助的IFD-Bouwen（工业化灵活可拆卸建筑）项目启动，它结合了许多开放建筑的原则，以促进示范项目的实施。

　　国家购买–租赁方式基金会（National Buyrent Foundation）于1997年12月成立，在Het Oosten住房公司（Het Oosten housing corporation）的主导下，与Aegon（一家保险公司）和Vesteda Management BV（ABP住宅基金前身，荷兰最大的养老机构，也是世界最大的养老机构之一）合作，支持居住者对住宅填充体所有权的市场、金融及法律的实践。

　　此外，荷兰工业化建筑基金会（Netherlands Industrialized Building Foundation）于1988年设立，它是由工业界、设计师和建筑师共同组建的合资企业。该基金会出版了《商务起航：35个建筑生产相关设计师、开发商、企业家档案》（*BOOOSting in Business*：*35 profiles of designers*，*developers and enterpreneurs in building construction*）（BOOOSting的3个"O"指Ontwerp、Onderzoek、Ontwikkeling——荷兰语意为设计、研究、开发）。还有许多其他的个人组织或机构也在促进和开展建筑创新研究和开发活动。

10.2 日本

10.2.1 政府和其他公共机构

日本如下多家机构在开放建筑实践过程中担任重要的角色：住宅都市整备公团（HUDc）、建设省（MOC）（现国土交通省）、经济产业省（MITI）、日本建筑中心（BCJ）、更好生活中心（Center for Better Living，BL）、日本全国合作住宅推进协会、大阪府房屋公司和其他当地政府机构。日本的政府机关对于在本机构或其他政府组织、第三方（公立的或私立的）、各种协会和民营公司内的新的研究、方法、项目和过程的开发等都予以了鼓励和配合。即使在市场低迷期或不景气时，长期的技术开发项目等研究活动仍一直受到实质的支持。这样综合性的项目通常会把学术研究者、互相竞争的企业和团体机构召集起来，形成复合的、相互交叉的项目小组。以下便是日本开放建筑相关的主要组织代表。

10.2.1（a） 住宅都市整备公团（HUDc）

HUDc持续对开放建筑提供大量的支持，如早期在20世纪70年代开始的KSI项目和KEP项目。住房性能研究院院长镰田一夫（Kazuo Kamata）和设计部门负责人小畑晴治（Seiji Kobata）使用了各种方式来持续支援和推进开放建筑的发展。KSI项目同时还用于展示来自日本和荷兰的填充体产品和系统。

249

10.2.1（b）　建设省（MOC，现国土交通省）建筑研究所

建筑研究所（BRI）的住宅规划研究室的负责人小林秀树（Hideki Kobayashi）用基于两阶段供给方式的新的土地开发原则发展和实施了新的项目。此外，建筑研究所还资助了具有里程碑意义的研究，使得日本全国SI住宅拥有全面的文件记录并暂被命名为"支撑体住宅"。本书撰写时，这份文件还没有公开。

10.2.1（c）　经济产业省（MITI）

250

经济产业省多年来都支持了与出口产品相关的研究、开发活动。这些产品包括：基于支撑体理论的填充体部品、机械设备和室内系统等。经济产业省多年来也支持许多大规模的开发项目，最近的一项是"日本房屋"项目。

10.2.1（d）　日本建筑中心（Building Center of Japan）

日本建筑中心在冈本伸部长的领导下，1996年主办了CIB TG 26任务组第一次研究会议。日本建筑中心长期举办开放建筑及建筑产业其他主题相关的会议及研讨会。

10.2.1（e）　更好生活中心（Center for Better Living，BL）

更好生活中心（BL，原日本住宅部品开发中心）是1973年建设省（现国土交通省）成立的独立组织。BL持续对住宅的"通用"部品进行评价和认证。

10.2.1（f）　日本全国合作住宅推进协会

日本全国合作住宅推进协会，其存在就是在日本环境背景下推动集合住宅发展的协作方式。20多年来在负责人中林由行（Yoshiyuki Nakabayashi）的领导下，协会推进了许多与开放建筑密切相关的开发。

10.2.2 大学

10.2.2 (a) 东京大学

内田祥哉在他建筑学院教授很长的任期中，参与了许多与开放建筑密切联系的提案和项目。其中包括：日本为支持住宅生产工业化的百年住宅体系（CHS）（1980年—）、大阪天然气公司资助的示范项目 Next21（1994年）。东京大学之后，他还去了明治大学继续执教，指导和启发了几代著名的建筑师们和研究者们。野城智也、松村秀一在东京大学许多开放建筑的相关调查研究中也十分活跃。

251

10.2.2 (b) 京都大学

巽和夫推行了两阶段住宅供应方式，并对CHS项目和大阪天然气公司的Next21项目作出了很大的贡献。此外，他还进一步为日本关西当地填充体部品产业的振兴付出了努力。他的工作由高田光雄在京都大学继续推进。

10.2.2 (c) 其他大学的开放建筑活动

其他大学在日本同样用很多方式促进了开放建筑的各种教育和研究的发展。他们对包括深尾精一在内的领导者的工作给予了积极支持。深尾（东京都立大学，现首都大学）是一位建筑家，是CIB TG 26任务组的重要成员之一，也是许多重要开放建筑项目的参与者。多年来他参与的项目包括Next21和开放建筑各种方面的研究调查。深尾在日本建筑中心主持开放建筑团队。

其他与大学有关的日本开放建筑活动领导者列举如下：

- 安藤正雄（千叶大学），长期作为建筑师兼研究者参与开放建筑的开发，其中包括住宅填充体的隔断体系可用性研究。
- 藤本昌也（山口大学），建筑师，设计了许多开放建筑和合作住房项目。

252
- 藤沢好一（芝浦工业大学），从事许多与开放建筑相关的研发项目。
- 村上心（椙山女学园大学），研究各个国家背景下的集合住宅改造项目。

10.2.3 其他实践者、建筑师和研究者

许多其他日本的建筑师、研究者们多年来在个人建筑实践，或者政府研究中积极推动了开放建筑的实施。这些人列举如下：

- 近角真一（集工舍建筑城市设计研究所），与Next21项目有着密切的关系。他也参与了包括吉田CHS项目等在内的许多重要的开放建筑研究和相关项目。
- 三井所清典，建筑师，与内田教授一起参与了许多住宅项目的设计。
- 泽田诚二，日本最早开放建筑的提倡者之一，数十年前就带领日本官方代表团专访了SAR。之后他也积极进行了研究和资料整理活动，将欧洲的许多重要开放建筑文章翻译成为日语。作为CIB TG 26任务组的主要成员，他也是日本和德国开放建筑的重要联系人。
- 大野胜彦，在建设省（现国土交通省）的支持下领导了许多研究小组和项目，包括将填充体单元置入支撑体住宅框架里的一个先锋性项目。最近他还领导了近百家公司和顾问参与的中高层住宅研究项目。
- 岩下繁昭（Atias有限公司），对全世界的开放建筑体系进行研究。

253
- 大西诚（HUDc），HUDc关于支撑体/填充体住宅体系永久研究活动的主要研究者。
- 建筑师杉立利彦和研究者川崎直宏（市浦都市开发建设咨询公司），合作为HUDc的兵库百年住宅体系和新住宅供给系统进行了开发。

10.2.4 其他企业和团体

为推进和维持开放建筑实施直接相关的研究和开发，在日本这样范围广、时间长的企业投资是独一无二的。包括日本全国许多知名的大规模企业在内的私营企业都在尝试开放建筑的开发。具体企业有：大京、长谷工、前田建设、日建设计、大阪天然气、日本住宅内装产品制造协会、积水、清水建设、竹中工务店、大成建设、东京天然气、丰田等。公有组织和民间企业在政府的积极推动下一起对开放建筑进行投资，这样的做法得到了大学中多数研究者的支持（人数众多，无法列出）。因此，在董事会、主导权和项目错综复杂的结构下，日本主要的建筑公司和开发商可能会同时扮演合作和竞争的角色。

10.2.5 出版物

日本在对开放建筑的研究和其成果出版物方面一直居于世界领先地位，然而许多努力的成果还未对公众开放。语言和文化的障碍以及翻译资金的不足，使得日本开放建筑发展的主要相关知识并不能很广泛地推广。在最近最杰出和最全面的出版物中，有前述提到的由MOC建筑研究所委托，在小林秀树的指导下并受到近角真一等人大力支持的日本开放建筑项目的综合调查报告。此外，泽田诚二整理编撰的书最近也出版了。这本书引用了许多论文，还介绍了荷兰最近出版的《建筑新动向》（*New Wave in Building*）（Fassbinder and Proveniers, n.d.）中的大部分信息。

10.3　其他国家和地区

10.3.1　芬兰

赫尔辛基城市办公室开发部（Helsinki City Office Development Unit）的朱西·考托（Jussi Kautto）和芬兰技术发展中心（Technology Development Centre of Finland，TEKES）一起，于1999年举办了开放建筑技术竞赛。包括Milieu 2000在内的许多新规划和研发项目，以住宅创新竞赛方式得到了公共和民间组织的关注。

近年来，芬兰不得不应对其千篇一律、缺乏灵活性的集合住宅和联排住宅所出现的问题，目前正在积极寻找提供更加人性化、多样化的住宅方式。在探索过程中，建筑师埃斯科·卡里（Esko Kahri）、尤哈·洛马（Juha Luoma）、乌尔普·蒂里（Ulpu Tiuri）等人，进行了一系列开放建筑理念下的更新和新建项目。赫尔辛基城市办公室开发部的朱西·考托（Jussi Kautto）与芬兰技术发展中心合作，于1999年发起了最近的开放建筑技术竞赛。无论是公共还是民间组织，都对住房创新竞赛（例如Milieu 2000）、新的倡议、研究与开发项目产生了浓厚的兴趣。

一些组织正在致力于关于主体建筑技术以及新建与改造中填充体系、融资与建设管理的先进研究与开发。开放建筑的构想被许多组织和个体所推广，包括芬兰技术发展中心（TEKES）的威利-佩科·萨尔尼瓦拉（Veli-Pekka Saarnivaara）和尤卡·佩卡宁（Jukka Pekkanen），芬兰技术研究中心（VTT）的维约·耐卡宁（Veijo Nykänen）和佩尔蒂·拉登佩拉（Pertti Lahdenperä），赫尔辛基技术大学的乌尔普·蒂里（Ulpu Tiuri）和尤哈尼·吉拉斯（Juhani Kiiras），255 以及芬兰住宅基金会的约翰娜·汉科宁（Johanna Hankonen）等。这些组织的一个联盟组织了1998年6月在赫尔辛基召开的CIB TG 26任务组的会议。

芬兰近期与开放建筑相关的出版物包括蒂乌里和海德曼（Hedman）的《开放建筑在芬兰的发展》（*Developments Towards Open Building in Finland*，1998）和拉登佩拉（Lahdenperä）的《不可避免的变化》（*The Inevitable Change*，1998）。直接从事开放建筑实施的建筑公司有：乌尔普·蒂里建筑师事务所（Architect Office Ulpu Tiuri）、Esko Kahri公司（Esko Kahri and Co.）、LSV建筑师事务所（Architect Office LSV）和尤哈·洛马公司（Juha Luoma）。

10.3.2 英国

现任牛津布鲁克斯大学建筑学院发展和应急实践中心（CENDEP at Oxford Brookes University）主任的纳贝尔·汉迪（Nabeel Hamdi），以及《国际开放住宅》（*Open House International*，OHI）的编辑尼古拉斯·威尔金森（Nicholas Wilkinson），在1968年的建筑协会的学生时代就构思了英国的第一个支撑体/填充体项目PSSHAK。随后，汉迪的《没有房子的住房》（*Housing Without Houses*，1992）记录了很多"支撑体提供者"（supporters）和"供应商"（providers）之间的争论。在威尔金森的努力下，《国际开放住宅》在伦敦大学学院发展规划部（Development Planning Unit，University College London）出版，几十年来一直是研究和记录住房和社区发展的广义开放建筑的理论、方法和实践的主要阵地。《国际开放住宅》的出版方城市国际出版社（Urban International Press）最近出版了约翰·哈布瑞肯所著的影响深远的1961年版《支撑体》（*Supports*）的英文修订版。

理查德·莫斯利（Richard Moseley）与欧布伊尔德咨询公司（Obuild Consultants）合作，在更新和新建市场中继续积极推广先进的填充体系统，并带领制造商完成整个欧洲的项目和工厂的研究任务。莫斯利于1999年9月在布赖顿（Brighton）与萨塞克斯大学科学技术政策处处长（Director of the Science and Technology Policy Unit at Sussex University）戴维·甘恩（David Gann）一起主办了CIB TG 26任务组的会议。甘恩还主持了许多与开放建筑相关的研究任务和研究项目,如将办公楼改建为住宅等。他的工作包括行业和政府资助的大量研究,如最近撰写的有关开放建筑、灵活性和选择权的专著《住宅的灵活性与选择》(*Flexibility and Choice in Housing*,1998)。

10.3.3 法国

法国对开放建筑的关注和示范项目始于乔治·莫里奥斯(Georges Maurios)著名的支持体/填充体项目 "Les Marelles"(1975年)。沉寂了几十年后,乔治·莫里奥斯公司在20世纪90年代后期新建了一些与开放建筑相关的项目。荷兰开放建筑的先锋弗兰斯·范·德·韦尔夫(Frans Van der Werf)和法国建筑事务所A. N. C.合作完成的法国谢夫勒伊住宅(Residence des Chevreuils)开放建筑项目。巴蒂门特科学技术中心(The Centre Scientifique et Technique du Batiment,CSTB)的让-吕克·萨拉尼亚克(Jean-Luc Salagnac)任务组,也继续参与推进开放建筑。

10.3.4 比利时

在比利时的许多年中,吕席安·克罗尔(Lucien Kroll)事务所持续验证了开放建筑如何将集合住宅及其居住者从严格的集权官僚化中解放出来。克罗尔天主教鲁汶大学的早期学生住房项目 "La Mémé" 采用了SAR支撑体设计方法,至今仍然享有盛誉,也是克罗尔最受欢迎的开放建筑项目之一。

10.3.5 德国

建筑师古特布罗德(Gutbrod)和罗夫·斯皮尔(Rolf Spille)在20世纪70年代设计了许多与开放建筑相近的项目。70年代举办的Elementa竞赛也促进了与开放建筑相关的发展。在开发商乔治·斯坦克(George Steinke)的运作下,马特拉填充体系统(Matura Infill

System）获得了德国合法的认证，有望在柏林的大型住房项目中使 257
用。1999年5月，议题为大型混凝土板集合住宅改建中开放建筑方法
的应用的研讨会在德绍（Dessau）举办。这个研讨会由EXPO 2000
Sachsen-Anhalt GmbH组织、基尔哈特·塞尔特曼（Gerhart Seltmann）
指导，由卡雷尔·德克尔（Karel Dekker）和泽田诚二（Seiji Sawada）
领导的CIB TG 26任务组协办完成。

10.3.6 瑞士

从20世纪60年代起，苏黎世、巴塞尔、伦茨（Lenzburg）和图恩
（Thun）的建筑师各自分别设计了开放建筑或类似的住房项目。其中
包括Metron Architects、Bureau ADP、M. Adler、G. Pfiffner、M. Erni、
Fischer Kuhn、Hungerbühler Architekten AG、Büro ADP Architects、
Gramelsbacher Erny和Schneider Erny、Malder and Partners，Architects、
Architecture Design Planning等。虽然有不同的立场，而他们的相似之
处在于都强调了居住单元应随时间发生变化，可以随着用户喜好和参
与灵活调整。

瑞士有关开放建筑的最新出版物包括《居住空间适应性设计》
（*Housing Adaptability Design*，1994），即贾倍思广为人知的在苏黎世
理工学院（ETH Zurich）的博士论文。许多类似开放建筑的项目都由
亚历山大·汉兹（Alexander Henz）进行了调查，并在学术文献《适应
性住宅》（*Anpassbare Wohnungen*，1995）中有所介绍。

10.3.7 中国

过去十年，中国发生的一系列重大事件表明，国家政府越来越关
注住宅生产模式的创新。尽管没有官方正式的政策明确表明要采用或
推广开放建筑，但政府无法提供目前期望的数量和质量的住房已经成
为一般共识。因此，住宅建造方法革新的环境正在变好。在大量实验
中包含了各种各样实现更开放的建筑的途径，且用户扮演着越来越重 258

要的角色。

　　经过十多年的积极推动，开放建筑在中国取得了长足的进步。已在无锡、上海、南京、北京等地方制定了开放建筑及相关的住宅计划和规划。这些是由以下建筑师（包括其他建筑师）的热心工作直接带来的成果：

- 鲍家声：来自南京的东南大学开放建筑研究与开发中心（Center for Open Building Research and Development）。他主持建造了多个支撑体/填充体项目，持续在开放建筑领域组织研究、撰写著作和参与教学工作。

- 张钦楠（原中国建筑学会副理事长）：适应型住宅通用填充体系统研究小组（Research Team on Universal Infill System for Adaptable Houses）协调人，与建筑师马韵玉一起，在北京等地实现了数个开放建筑项目。他们还通过马建国际建筑设计顾问有限公司（M & A Architects and Consultants International Co. Ltd.）促进填充技术在中国的广泛引入。

- 李大夏：作为马建国际建筑设计顾问有限公司团队的一员，积极在上海推进开放建筑。

- 在香港，与开放建筑相关的研究和出版是由贾倍思（香港大学）和建筑师陈珂二人共同促进的。贾倍思的《居住空间适应性设计》（1998）最近出版了中文版。

- 王明衡教授（台湾成功大学建筑系）：将支撑体结构设计的入门专著《多样化：支撑体的系统设计》（Variations: The Systematic Design of Supports，N. J. 哈布瑞肯等著，1978）译成中文。他在台北和台南等主要城市主办了1998年秋季CIB TG 26任务组会议和开放建筑国际研讨会。

- 林丽珠建筑师（台湾高雄第一科技大学工学院营建工程系）：其博士论文研究了支撑体技术接口，并与王明衡教授一起持续组织专题讨论会并推出出版物，以促进台湾地区开放建筑的实施。

259

10.3.8　美国

尽管在美国，建筑主体建成后，由承租人装修是办公楼和零售店建筑最常见的做法，但开放建筑理念下的住宅尚未普及，开放建筑这一术语也不为人所知。将过时的办公楼和仓库广泛地转换为住宅，以及将"居住/工作"并行的loft项目，可看作综合应用开放建筑原则的征兆。

在高端商品住宅市场，新的类似开放建筑的项目正在得克萨斯州的达拉斯（Dallas）和佛罗里达州的博卡拉顿（Boca Raton）等大都市地区展开建设。在佛罗里达州，德沃斯塔之家（Devosta Homes）建造了隧道模混凝土的"four-plexes"（由四个住宅单元组成的独立式建筑）。为了迅速安装，德沃斯塔之家并未采用高级的或全面的填充体系统，而是使用从工厂配送来的常规的既制型标准部品。在定制的独立式住宅市场，《木结构施工》(*Timber Frame Construcion*)（经典木结构教科书）的作者、本森伍德之家（Bensonwood Homes）总裁泰德·本森（Tedd Benson）尝试了节能泡沫芯构造（energy efficient foam-core frame enclosures），并率先开发了住宅木构架的开放系统。

在西雅图，开发商及设计顾问科林·罗尔斯塔德（Koryn Rolstad）与温斯坦·科普兰（Weinstein Copeland）建筑师事务所一起完成了屡获殊荣的项目班内尔公寓（Banner Building）。该项目证明，在美国，优质的开放建筑项目不依赖新技术也可以成功并盈利。

260

10.3.9　加拿大

在加拿大，1998年度绿色建筑挑战赛（Green Building Challenge）主席、加拿大自然资源部建筑师尼尔斯·拉尔森（Nils Larsson）积极促进将开放建筑原则与可持续发展的倡议联系起来。拉尔森是CIB TG 26任务组的重要创始者和支持者。朗格兰建筑师事务所（Langelaan Architects）的朗格兰（J. W. R. Langelaan）主导了计算机软件程序ArchiCad的开发，该软件具有与开放建筑设计方法直接相关的功能。

第 **11** 章 | 开放建筑的未来

261　**11.1**　**全球趋势**

　　如前文所述，重大的环境、文化变化和经济领域的重组在社会和建筑业中产生了深刻影响。住宅生产随专家、公共机构和社会大众的责任变化而改变。40多年前，支撑体这一概念首次被提出时仅仅是个模糊的概念，与发展到今日如此清晰明确的内容相去甚远。支撑体概念，是针对二战后主导住宅市场的批量式集合住宅（mass housing）现象的回应。在许多国家，人们认为最有效的供应住房的方法是集中控制，而那些单一制式住房居民的生存和社会权利就显得极为重要。尼古拉斯·威尔金森（Nicholas Wilkinson）在约翰·哈布瑞肯（John Habraken）所著《支撑体》（Supports，1999）（英文修订版）的序言中提到，国际性的支撑体运动并不是轻松而简单的，它根植于西方20世纪60年代兴起的自由主义运动（liberationist movements）。随后，城市危机爆炸性增长，单一的大规模集合住宅也鳞次栉比地开始出现在第三世界国家。

　　在随后的几十年中，边缘城市的进展和郊区扩张成为许多国家的环境发展模式。中心城市有时会成为空壳，有时又因为人口迁入而挤262　满。无论何地，汽车的重要程度都急速增长，它与远程通信的革新一起，改变了我们在社区和住宅中的生活方式。随着对传统开发建设方式的负面影响的认识，那些被少数人孤独地坚守了几十年的理念——可持续性问题显得越来越重要了。

多年以来，住宅建设顽固地抵抗了其他行业和建筑业其他领域的变化趋势。但是，现在越来越多的证据表明，制造业、技术、金融业、信息管理和市场的发展正在从根本上重组现在的住宅建造、维护和更新。在建筑产业的其他领域，特别是办公和医疗保健建筑领域，制造业已成为提供解决复杂建造过程方案的主导力量。尽管这一系列变化已经加速发生了一段时间，但各领域的专家才刚刚意识到住宅领域的这一新现实。

住宅生产一直以来，在生产、投资和收益等持续变化的国家整体经济中占据重要份额。而随着这些变化，20世纪60年代和70年代的支撑体运动（Supports movement）孕育了开放建筑（Open Building）的方法论。居民已被重新定义为增值住宅部品的购买者。与早期时代一样，住户现在通过购买住宅填充体部品的方式，加入可满足自己需求和喜好的市场。同时，高性能的工业化部品的诞生，也使得住宅共有部分的品质及耐久性得到改良，支撑体的构成得以重塑。

接下来，本书将对一部分重要的趋势和成果进行概述。

11.1.1 新兴的住宅填充体消费市场

以消费者为中心的住宅系统市场的扩张，清晰预示着填充体的出现。虽然复杂的综合性填充体产品尚未在住宅室内装饰装修市场中占据很大份额，但是它们在世界范围内的出现释放出一种信号——开放建筑是未来的发展趋势。

如今，住宅部品的设计、开发和制造具有越来越高的附加值。此类部品可提高技术性能、安全性、多样性以及使用和重复利用的能力。为了满足个人喜好、品牌知名度、性能指标、效率、便利性、可持续性、价格和每月分期付款等日益多样化和复杂的需求，住宅部品作为面向消费者的商品进入零售市场。

建筑相关行业越来越努力地刺激消费者填充体市场的增长。在日本以及许多欧共体和北欧国家，人们一直在共同努力建立一个自由选

263

择填充体（discretionary infill）的市场，以达到娱乐及奢侈品类（如旅行、电子设备、汽车和配件）的消费规模。对进入市场跃跃欲试的新消费产品及其物流和安装系统越来越符合可持续发展的原则。

11.1.2 投资模式的改变

目前，投资资金正在从建筑工地转向制造设备，从新建工程转向翻新，从支撑体转向填充体，从库存材料转向高附加值的工业化部品。而建筑业则正在根据投资模式的变化进行调整，即进一步加强与房地产开发、制造业和其他经济领域的联盟。

264

11.1.3 先进的信息系统

有赖于新兴的计算机网络、智能控制和软件以及电子商务，客户和生产者之间的直接联系正在加倍增加。消费者现在可以通过互联网直接购买住宅消费部品，如同购买定制的旅行套餐、汽车和CD一样。这种直接的零售市场的介入，同样正改变着建设开发过程中各方之间的关系，以及设计和管理所承担的角色。这个过程中，所有人都参与到消费者购买行为的竞争中。

智能管理软件已改变了工业化生产等施工现场之外的生产方式（off-site manufacturing）。新的生产方式不仅改善了包括及时配送（just-in-time delivery）和安装在内的供应链物流，同时市场的多样性、效率性、品质管理、协调和速度都得到了提高。

综合填充体系统软件的开发，可以实时计算出客户所选设计的月付金额及其长期财务影响，从而实现以消费者为中心的设计。

11.1.4 支撑体的变化

复杂的生产构件的引入也重新定义了支撑体层级。例如，为应对节能和减少废弃物的新要求，具有能源处理性能的外立面系统已经取代了传统立面。

用于集合住宅的设备管线系统（包括电缆、管道和通风系统）性能正在逐步提升。它现在不仅可以提供通过监控及自我调节对环境更好地进行控制，同时还基于不影响其他设备的前提为个人租户提供拆改的余地。

11.1.5　制造业的趋势

建筑产品制造商正朝着"基于时间"（time-based）启动制造以及"基于需求"（demand-based）短期生产的方式发展。美国、欧洲和日本的大型制造商已经先行实施，其他制造商也在迅速跟进。

11.1.6　建筑市场、投资和收入的趋势

利润正沿着价值链向"上游"（upstream）转移。在大多数发达工业化国家，项目建设收入由总承包商转移到产品制造商，通常中间还包括分包商。这使得小型项目团队能够利用先进工业生产固有的能力，以"一站式购物"（one-stop-shopping）的方式组织符合最终住户个人喜好的项目。但是，项目和投资的风险与责任并不一定与收入一起沿价值链向上转移。

随着消费者和制造商之间的联系正在对建筑业做出全新定义，许多实施步骤、服务和企业正在被逐步淘汰。价值链正在面向复杂的建筑部品生产缓慢爬升，对建筑行业的某些部门构成直接威胁。例如，在美国的办公室内装市场中，斯蒂尔凯斯（Steelcase）公司现在已经引入了一个全面的办公室装修系统，使其与分销商、室内设计公司和分包商构成直接竞争。其他大公司也正在组建联盟，以在快速发展的办公领域中为用户提供更全面的开放系统。

改建市场正在迅速扩张，如今在一些国家，对既有住宅改造、升级和更换的投资已经等于甚至超过了新建住宅项目，在不久的将来，二者差距将进一步扩大。

随着行业为应对市场变化而转移其重心，改建和新建之间的差异

促进了结构性的变化。改建对居住者来说更具破坏性，因为其本质零碎而又难以预测。同时改建所需的技术层面和组织层面的复杂性也是新建项目所无法比拟的。

11.1.7　研究环境的变革

在市场经济环境下，各国政府正在重新审视其在建筑研究和实践项目激励的方向和程度。在美国，政府长期以来并未直接参与建筑业的重组。私营企业虽然对研究有所支持，但投资水平都不高。欧洲共同体（European Community）的情况并非如此，比美国好很多。在可持续发展的潮流下，欧洲各国政府重新燃起了对建筑业研究这一悠久传统的兴趣。在日本，即使在经济低迷时期，政府也仍在继续刺激建筑业和房地产业，以寻找更好的方式来建设一个与过去50年截然不同的未来环境。

11.2　构建未来

在今后50年里，住户需求和技术系统的快速变化将持续下去。工业化国家面临以下基本问题：如何使现有住宅存量最好地适应持续变化？如何提高更新效率以对消费者日益提高的选择需求进行回应？如何应对多样性、技术更新、劳动力短缺（无论何种程度的劳动力）？如何在建筑生命周期的后期获得更大的适应性？这些问题始终都是开放建筑讨论的核心。住宅建设必须提高效率、减少浪费，提高对于住户需求的响应能力。显而易见的是，开放建筑只是建筑实践中众多面向消费者选择和可持续发展运动中的一种。信息技术、柔性制造（flexible manufacturing）、面向重组的设计和其他创新使得高附加值的产品可以在工厂生产，并根据实际住户的需求量身定制，而不是仅面向大众市场批量生产。

由于劳动力和投资正不断地远离建筑现场，使用层级方法可以帮助应对这种变化。层级理论的概念和方法明确指出，必须组织建筑的特定局部及其场地来保障社区集体的权益。因此，对集体使用的场地，花费必要的时间达成共识被认为是一种重要的社会决策过程。建筑物的私人内部空间与社区利益关联不大，却与个人住户的责权息息相关。家具和其他个人财产以及设备也是如此。内装建造可一定程度上独立于外部条件进行，填充体可变性强，也易于系统设计、生产和安装。目前，无论是住宅还是商业建筑，填充体的革命无处不在，但人们尚未意识到这一点。

环境多样性

与交通、信息和金融网络一样，全球建筑市场的设计、生产和建造正在迅速统合。随着设计和施工实践及其培训和经验在全球范围日益增长，出口的不仅是专业知识，还有专利技术，从而使营销和支持网络也在不断扩展。许多人担心，这会导致世界环境的同质化或麦当劳化（MacDonaldization）。

事实上，这两种情况似乎都没有发生，许多受多国影响的环境在外观和内部都表现出高度的相似性。但这可能表达了决策者之间的一种共同的制度精神，而不是对无能为力的市场的妥协。对于在各地开展业务的设计专业人士、机构和客户来说，统一控制和标准化环境营造毋庸置疑地拥有吸引力和影响力。

然而，全球新兴的消费导向型住房市场仍然受制于场地和小气候的独特性，同时受制于地方法规和建筑文化，以及国家、地方和阶级习俗和传统，也受制于个人喜好。建筑行业中经常发生的根本性变化是一个非常本地化的过程，即找出哪些是普遍适用的，哪些是必须保留、本地固有的内容：在任何区域或国家市场的背景下都会发生这样的筛选，成为国际上类似运动的缩影。无论是日本有组织寻求的现代日本住宅类型学，还是北美盛行的豪华木结构建造所利用的先进的填充体系统，都是在寻求一种平衡。一方面，人们希望延续建造者代

268

相传的传统技术和知识；另一方面，人们也希望优化住房优势，包括结合最先进的子系统的性能来对住户不断变化的要求和偏好作出回应。

如果让居民在开放市场上提供的新产品和参与共享建筑文化之间进行选择，很显然，居民两者都需要。

11.3 结论

269

从南京到大阪，从西雅图到巴黎，再从阿姆斯特丹到赫尔辛基，从全球开放建筑的现状来看，越来越多的基于开放建筑原则的住宅项目正在破土动工。住宅建筑业在这一过程中不断发生变化，但并不总是急于改变。政府机构和私人公司慢慢认识到，开放建筑由于经济上或组织上尚未可行的地方，其实恰恰是一个有益且未来可能不可避免的趋势。因此，一些国家进行了长期投资，在开放建筑的研究、开发和实践上投入了数十亿美元。

城市层面的开放建筑战略，如SAR肌理方法（Tissue Methods）和原则，已经产生了有用的研究和项目。到目前为止，这些方法中只有少数由理论转为了实践。随着不受控制的城市增长在世界范围内的影响日益显现，这种情况可能会有所改变。对于时有的高度紧张的政治进程中城市设计有效方法的需要，建筑从业者们可能会基于SAR肌理方法，再次将注意力集中在各种方法的严谨性、与历史城市肌理的融合性上。前面的章节也表明，在建筑主体、内装以及二者连接界面方面，仍有重大的技术、程序、财务、法律、社会和代码相关的障碍需要克服。建筑从业者们需要采取新的举措来对开放建筑基本原则进行阐释和扩展。未来的方法必须遵循以下要求：

- 更有效地组织和协调不同层级各方的工作；
- 重新组织技术接口以减少冲突并简化部品更新及替换；
- 致力于实现更好、更具适应性、更耐用和可持续的建筑及邻里社区。

与此同时，住宅、混合用途和商业开放建筑等正在发展的领域显然受到世界各地从事设计、建造和相关行业等各方越来越多的关注。开放建筑的未来最有可能向以下两种不同的情况发展：

在住房产业从原来的集中和统一控制到持续"去中心化"（decentralize）的情况下，建筑行业从业者可能会逐渐采用开放建筑以控制日益复杂的项目及流程。当建造过程因技术复杂性变得愈发困难，或对长期资产管理的要求日益提高时，这种方法所取得的效果将最为显著。随着集中制工作模式被打破，新的冲突和风险不断涌现，开放建筑所体现的方法将大有可为。

当个人消费者对于实现选择的强烈愿望与社会不平等问题以及传统建设方式的种种局限产生冲突时，开放建筑亦有可能蓬勃发展。同样，各行各业的人们都试图在住所和工作场所实现个人偏好，届时人们可能会发现技术复杂性、程序障碍和对长期价值的需求在时代发展中的局限性。这种自下而上对于多样性、公平和责任的需求，也将使开放建筑及类似方法脱颖而出。

附录

附录A | # 各国已建成开放建筑项目

澳大利亚

1968 Saalwohnungen, Vienna

Architect: Kratochwil

1972 Dwelling of Tomorrow, Hollabrunn

Architect: Dirisamer, Kuzmich, Uhl, Voss and Weber

比利时

1974 'La Mémé' Medical Student Housing, Catholic University of

Louvain, Brussels

Architect: Office of Lucien Kroll

中国

1956 Housing Project, Tianjing

Architect: Peng, Qu

1987 Support Housing, Wuxi

Architect: Bao

1990 House #23 of the Huawei Residential Quarter, Beijing

Architect: Beijing Building Engineering Design Co, Ltd.

1991 Huawei No. 23, Beijing

Architect: Zhou, Zhang and Zhou

1992 Experimental House No. 13, Block 15, Kangjian Residential

Quarter, Shanghai

Architect: Liu, Wan, Ye of the Shanghai Light Industry Design Institute

1994   Pipe–Stairwell Adaptable Housing, Cuiwei Residential Quarter, Beijing

Architect: Ma and Zhang, M & A Architects and Consultants International Co.

1994   Flexible Open Housing with Elastic Core Zones, Friendship Road, Tianjin

Architect: Huang Jieran + Tianjin Housing Estate Development Holding Corporation

1995   Partial Flexible Housing in Taiyuan, Shanxi Province Architect: Ma and Zhang, M & A Architects and Consultants International Co.

1995   Beiyuan Residential Quarter in Zhengzhou, Henan Province

Architect: Ma and Zhang, M & A Architects and Consultants International Co.

1998   Partial Flexible Housing in Beiyuan Residential Quarter, Zhengzhou, Henan Province

Architect: Ma and Zhang, M & A Architects and Consultants International Co.

1998   Housing Tower, Pingdingshan, Henan

Architect: Ma, Zhu, Sun of Section #7, China Building Standardization Research Institute

英国

1975   PSSHAK: Stamford Hill, London

Architect: London GLC (Hamdi, Wilkinson)

1979   PSSHAK: Adelaide Road, London

Architect: London GLC (Hamdi, Wilkinson)

芬兰

1995 VVO/Laivalahdenkaari 18, Helsinki

Architect: Oy Kahri Architects

1997 Sato-Asumisoikeus Oy/Laivalahdenkaari 9, Helsinki

Architect: Eriksson Arkketehdit Oy (Petri Viita)

1999 Tervasviita Apartment Block, Seinäjoki

Architect: LSV Oy/Juha Luoma

法国

1975 Les Marelles, Paris

Architect: Maurios

1990 Residence des Chevreuils/Paris

Architect: Architect Office ANC + Van der Werf

德国

1903 Skalitzerstrasse 99, Berlin

Architect: n.a.

1927 Häuser am Weissenhof, Stuttgart

Architect: Mies Van der Rohe

1970 Haus am Opernplatz, Berlin

Architect: Gutbrod

1972 Elementa '72, Bonn

Architect: Offenbach, PAS Architects and Town Planners

1973 Project 'Steilshoop, ' Hamburg

Architect: Spille, Bortels

1973 MF-Hause 'Urbanes Wohnen, ' Hamburg

Architect: Spille UA

1979 Feilnerpassage Haus 9, Berlin–Kreuzberg

Architect: Randt, Heisz, Liepe, Steigelmann

日本

1980 KEP Maenocho Project, Itabashi–ku, Tokyo

Architect: KEP Project Team, Housing and Urban Development corporation

1982 KEP Estate Tsurumaki, Tama New Town, Tokyo

Architect: KEP Project Team, Housing and Urban Development corporation

1982 KEP Town Estate Tsurumaki, Tama New Town, Tokyo

Architect: KEP Project Team, Housing and Urban Development corporation

1982 Senboku Momoyamadai Project Sakai–shi, Osaka

Architect: Osaka Prefectural Housing Corporation + Tatsumi Laboratory and Seikatsu–kukan Keikaku Jimusho

1983 Estate Tsurumaki and Town Estate Tsurumaki, Tama New Town, Tokyo

Architect: Housing and Urban Development corporation, Kan Sogo Design Office, Soken Architects, Alsed Architects

1983 C–I Heights, Machida, Machida–shi, Tokyo

Architect: Takenaka Corporation

1984 Pastral Haim Eifuku, Suginamiku, Tokyo

Architect: Shimizu Corporation

1984 Cherry Heights Kengun, Tokyo

Architect: Kumamoto Prefecture Public Housing Corp + Ichiura Architects

1985 PIA Century 21, Kanagawa
Architect: Shokusan Housing Corporation

1985 L–City, New Urayasu, Chiba
Architect: Haseko Corporation

1985 Tsukuba Sakura Complex, Tsukuba
Architect: Alsed Architects and Urban Designers

1986 'Free Plan Rental Project, ' Hikarigaoka, Nerima–ku, Tokyo
Architect: Housing and Urban Development corporation, Kan Sogo
Architects

1986 CHS Project: Terada–machi Housing, Osaka
Architect: Osaka City Public Housing Supply + Yasui Architects

1987 MMHK CHS Projects: Chiba
Architects: Ohno Atelier, Kinoshita + Hosuda + Minowa Real Estate +
Marumasu Ltd.

1987 Yao Minami Housing Osaka
Architect: Osaka City Public Housing Corp. + Itagaki Architects

1987 Yodogawa Riverside Project #5 Osaka
Architect: Osaka City Public Housing Corp. + Tohata Arch.

1988 Villa Nova Kengun, Kumamoto
Architect: Kumamoto Public Housing + Ichiura Architects

1988 Rune Koiwa Garden House, Tokyo
Architect: Haseko Corp.

1989 Senri Inokodani Housing Estate Two Step Housing Project, Osaka
Architect: Osaka Prefecture Housing Agency + Tatsumi and Takada
and Ichiura Architects

1989 Saison CHS Hamamatsu Model, Shizuoka
Architect: Ichijo Construction

1989 Centurion 21, Toyama

Architect: Taiyo Home

1993   Green Village Utsugidai coop project, Hachioji

Architect: Housing and Urban Development corporation + Han Architects Office

1993–   House Japan Project, Tokyo

Architect: Ministry of International Trade and Industry + Matsumura, Tanabe

1994   Next21, Osaka

Architect: Osaka Gas + Next21 Project Team

1994   MIS Project/Shirakibaru Project, Fukuoka

Architect: Daikuyo + Maeda Development Group

1994   Takenaka Matsuyama Dormitory Project, Osaka

Architect: Takenaka Corporation

1995   Sashigamoi Interior Finishing Method, Tama New Town, Tokyo

Architect: Fujimoto

1995–1997   Action Program for Reduction of Housing Construction Costs, Hachioji–shi, Tokyo

Architect: Housing and Urban Development corporation Design Section

1996   Block M1–2, Makuhari New Urban Housing District, Chiba

Architect: Shimizu Design Department + RTKL

1996   Tsukuba Method Project #1 Two Step Housing Supply System, Tsukuba–shi, Ibaraki

Architect: Building Research Institute, Ministry of Construction + Takenaka Corporation

1996   Tsukuba Method Project #2, Two Step Housing Supply System. Tsukuba–shi, Ibaraki

Architect: Building Research Institute Ministry of Construction +

Ataka Corp.+ Tokyu Koken Corp.

1997 Hyogo Century Housing Project, Hyogo Prefecture

Architect: Hyogo Prefecture Housing Authority + Ichiura Consultants

1997 Elsa Tower Project, Daikyo Corporation, Tokyo

Architect: Takenaka Corporation, Tokyo Design Department

1997 HOYA II Project, Tokyo

Architect: Taisei Prefab Corporation Design Department

1998 Yoshida Next Generation Housing Project, Osaka

Architect: Osaka Prefecture Housing Corporation and Construction Committee of the Next Generation Housing for Municipal Housing Corporation (Tatsumi, Takada, Yoshimura, Chikazumi)

1998 Matsubara Apartment/Tsukuba Method Project #3, Tokyo, Japan

Architect: Building Research Institute, Ministry of Construction + Takaichi Architects + Sato Kogyo Corp.

荷兰

1935 Complex 'De Eendracht, ' Rotterdam

Architect: Van der Broek

1969 Housing Complex, Horn

Architect: Van Wijk and Gelderblom

1970 Six Experimental Houses, Deventer

Architect: Van Tijen, Boom, Posno, Van Randen

1973 Rental Housing, Genderbeemd

Architect: Van Tijen, Boom, Posno, Van Randen

1973 MF–Haus, Rotterdam

Architect: Maaskant, Dommelen, Kroos

1974 Vlaardingen Holy–Noord

Architect: Werkgroep KOKON

1974   Social Housing in Assen– Pittelo

Architect: Van Tijen, Boom, Posno, Van Randen

1975   Social Housing, Stroinkslanden (Zuid Enschede)

Architect: Van Tijen, Boom, Posno, Van Randen

1975   Social Housing, Zwijndrecht (Walburg II)

Architect: Van Tijen, Boom, Posno, Van Randen

1975   Housing in Kraaijenstein

Architect: Van Tijen, Boom, Posno, Van Randen

1975   Zutphen–Zwanevlot

Architect: Van Tijen, Boom, Posno, Van Randen

1977   Sterrenburg III, Dordrecht

Architects: De Jong, Van Olphen

1977   De Lobben, Houten

Architect: Werkgroep KOKON

1977   Papendrecht, Molenvliet

Architect: Van der Werf, Werkgroep KOKON

1979   Haeselderveld, Geleen

Architect: Wauben

1980   Housing Project, Beverwaardseweg, Ijsselmonde

Architect: Kapteijns + Interlevel

1982   Housing Project, Tristanweg, Ijsselmonde

Architect: Kapteijns + Interlevel

1980   Tissue/Support Project, Leusden Center (Hamershof)

Architect: Van der Werf

1982   Lunetten, Utrecht

Architect: Van der Werf, Werkgroep KOKON

1982   Baanstraat, Schiedam

Architect: Kuipers, Treffers and Polgar, ARO Consultants

1982 Dronten Zuid

Architect: INBO, Woudenberg

1982 Niewegein

Architect: Bureau Wissink and Krabbedam

1984 Keyenburg, Rotterdam

Architect: Van der Werf, Werkgroep KOKON

1987 Tissue Project, Claeverenblad/Wildenburg

Architect: Van der Werf

1988 Berkenkamp, Enschede

Architect: Van der Werf, Werkgroep KOKON

1989 Housing Project, Zestienhovensekade, Rotterdam

Architect: Kapteijns + Interlevel

1990 Support/Infill Project, Kempense Baan, Eindhoven

Architect: De Jong, Van Olphen

1990– Patrimoniums Woningen Renovation Project, Voorburg

Architect: Reijenga, Postma, Haag, Smit and Scholman Architects +

Matura Inbouw

1990 232 experimental houses, Zwolle

Architect: Benraad

1991 Flexible Infill Project, Eindhoven

Architect: De Jong and Van Olphen + Matura Inbouw

1991 Meerfase–Woningen, Almeer

Architect: Teun Koolhaas Associates

1991 Schuifdeur–Woning, Amsterdam

Architect: Duinker, Van der Torre

1992 Patrimoniums Woningen New Dwellings, Voorburg

Architect: Reijenga, Postma, Haag, Smit and Scholman Architects +

Matura Inbouw

1994   42 student apartments, former office building, Rotterdam

Architect: Benraad

1994   Housing Project, De Raden, Den Haag

Architect: Kapteijns and Bleeker + Interlevel

1995   53 'Houses that Grow, ' Meppel

Architect: Benraad

1995   Elderly Care Housing, Eijkenburg, The Hague

Architect: Vroegindewei and ERA Bouw + ERA Infill

1995   Housing Project, De Bennekel, Eindhoven

Architect: Kapteijns and Bleeker + Interlevel

1996   Gespleten Hendrik Noord, Amsterdam

Architect: De Jager, Lette Architects

1997   28 Open Building houses, Nieuwerkerk aan de Ijssel

Architect: Benraad + Prowon/Interlevel

1997   Puntgale Adaptive Reuse Project, Rotterdam

Architect: De Jong, Bokstijn

1997   6 Support/Infill Houses, Ureterp

Architect: Buro voor

Architectuur and Ruimtelijke Ordening Martini + Matura Infill

1998   The Pelgromhof, Zevenaar, Gelderland

Architect: Van der Werf

1998   Support/Infill Project of 8 Houses, Sleeuwijk

Architect: De Jong, Bokstijn + Matura Infill

1999   45 Three–room–houses in former office, Delft

Architect: Benraad

1999   VZOS Housing Project, the Hague

Architect: HTV Advisors BV + Huis in Eigen Hand Infill System

瑞典

1950　Wohnblock, Göteborg

Architect: William–Olsson

1954　Flexibla Lägenheter, Göteborg

Architect: Tage and William–Olsson

1955　Mäander–Seidlung, Orebro–Baronbackarna

Architects: Ekholm, White, et al.

1959　Kallebäckshuset, Göteborg

Architect: Friberger

1960　Apartment Block in Göteborg

Architect: William–Olsson

1966　Diset Project, Uppsala

Architect: Axel, Grape and Konvaljen

1967　Housing Project, Kalmar

Architect: Magnusson, Marmorn–Porfyren

1967　Orminge, Stockholm

Architect: Curman, Gillberg

1971　Housing Project, Kalmar

Architect: Magnusson, Marmorn–Porfyren

1976　Öxnehaga, Husqvarna

Architect: n.a.

瑞士

1966　Überbauung Neuwil, Wohlen

Architect: Metron Architect Group

1974　Überbauung Döbeligut, Oftringen

Architect: Metron Architect Group

1986　Schauberg Huenenberg, Hünenberg

Architect: Büro Z– Architects

1990   Hellmutstrasse, Zürich

Architect: Architecture Design Planning

1990   Herti V, Zug

Architect: Kuhn, Fischer, Hungerbühlere Architekten AG

1991   Hellmutstrasse, Zurich

Architect: Büro ADP Architects

1991   Davidsboden, Basel

Architect: Erny, Gramelsbacher and Schneider

1993   Luzernerring, Basel

Architect: Malder und Partners, Architects

1994   Überbauung 'Im Sydefädeli, ' Zürich

Architect: Architecture Design Planning

1994   Wohnüberbauung Wehntalerstrasse–in–Böden, Zürich

Architect: Architecture Design Planning

1995   Muracker, Lensburg

Architect: Pfiffner, Kuhn

美国

1994   Banner Building, Seattle

Architect: Weinstein Copeland Architects

SAR的肌理方法

城市肌理结合模式明确的公共空间、建筑和活动的顺序，代表可　
认知的、大众普遍理解的邻里街区的尺度特点。它定义了比城市结构
小但是比单个建筑大的相互尺度关系。这个尺度上，许多独立的建筑
介入手段和街道、公共空间一起填补了城市结构中的空隙。肌理中的
不同方案加强了某种组织性主题和原则的存在。

SAR 73: 多方协议记录

涉及多方的设计中，记录设计想法、提议和决策的方式很重要。
SAR 65开拓了可以使得支撑体和可分单元（填充体）独立生产的方
式。随后，SAR 73（1974）将这种原则（居民在复杂规划的过程中有
明确的角色）扩展到城市层级。基于对于历史上城市地区自组织原则
的观察，SAR 73提供一系列同时适用新地块开发和再次开发的设计工
具（12 Living Tissues，1975）。

SAR 73提供许多有关形态和功能的图形化协约文件。这些方式中，
形态被进一步按照主题和非主题分类。对于场所主要特色的认识是通
过主题性的形式和空间决定的。非主题特色尽管并不常见，也会以规
则的方式出现在城市肌理中。所有这些文件一起组成邻里社区中的肌
理模型：有关建造形式、空间和功能等位置、尺度的传达协议路径。

建筑物和开放空间的水平、垂直方向位置和尺寸信息都以"区
划"（zoning）图解形式建档，常包含条理清晰、有理有据的建成及非
建成分区。功能或者活动都可以展现在形态或者物理、空间主题的框

架中。关于社区的决定显然会涉及很多非物质因素，如社会问题、经济、个人喜好等。最终，这种重要的考虑因素也一定会反映在肌理协议中。

肌理方法将记录有关建成环境的法律协议，转向更为明确、信息更密集的图形化描述（Tufte，1990）。Beverwaard（1977）等实际项目中，图形化描述被纳入协议的法律文件。数十年后，许多新都市主义项目都使用相似的图形化方式记录协议。

肌理方法通过要素（空间、形态、活动）、肌理模型（图形化的形态、空间、活动文件）、平面（经过转化适合于场地特点的肌理模型），决定城市设计中的建筑群。

肌理首先定出位置和尺寸的基本元素，如住宅类型、空间组合形式（线性、中庭、集中式等）和功能（居住、商业、会议等），然后根据实际场地大小调整模型。肌理模型首先将基本元素、住房类型、空间配置类型（行列式、庭院式、集中式等）和功能（居住、商业、会议等）进行定位和尺度协调，然后调整这一模型以填充实际场地。唯有克里斯托弗·亚历山大（Christopher Alexander）主张技术–决策的最大合理化：在从一般到具体的每个阶段，都要讨论替代方案、达成坚定的共识并记录在案之后，才能讨论下一步内容。

	M 类型	F 功能	
主题性建成方式	1	a 5 b	
主题性开放空间	2	6	a：功能位置排布信息记录
非主题性建成方法	3	7	
非主题性开放空间	4	8	b：功能尺度排布信息记录

图B.1　描述城市肌理规定的表格（图片提供：由Stephen Kendall 绘制于SAR 73之后）

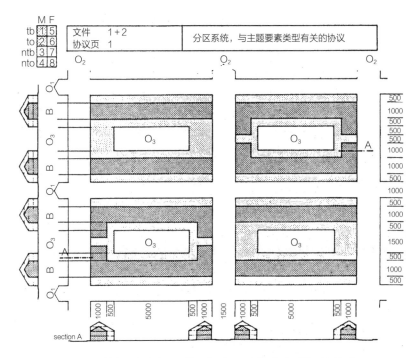

图B.2　结合起来形成肌理模型的《肌理文件1》和《肌理文件2》
（图片来源：SAR 73，获转载许可）

—— 关于SAR肌理方法的其他文献 ——

Habraken, N.J. (1964) The Tissue of the Town: Some Suggestions for further Scrutiny. *Forum.* **XVII** no. 1. pp. 22-37.

Habraken, N.J. *et al.* (1981) *The Grunsfeld Variations: A Report on the Thematic Development of an Urban Tissue.* MIT Department of Architecture, Cambridge, Mass.

Habraken, N.J. (1994) Cultivating the Field: About an Attitude when Making Architecture. *Places.* **9** no. 1. pp. 8-21.

Kendall, S. (1984) Teaching with Tissues, *Open House International.* **9** no. 4. pp. 15-22.

Reijenga, H. (1981) Town Planning Without Frills. *Open House.* **6** no. 4. pp. 10- 20.

Reijenga, H. (1977) Beverwaard. *Open House.* **2** no. 4. pp. 2-9.

Stichting Architecten Research. (1975) *Living Tissues: An Investigation into the Tissue Characteristics of Twelve Residential Areas with the Aid of SAR 73.* SAR, Netherlands. Reprinted in *Open House International.*

Stichting Architecten Research. (1977) *Deciding on Density: An Investigation into High Density Allotment with a View to the Waldeck Area, The Hague.* Eindhoven, Netherlands.

Stichting Architecten Research, (n.d.) *Modellen en Plannen: de weefselmethode SAR 73 als hulpmiddel bij het stedebouwkundig ontwerpen.* Eindhoven, Netherlands.

Stichting Architecten Research. (1980) Neighborhood Improvement: A Methodological Approach. *Open House.* **5** no. 2. pp. 2-17.

Technische Hogeschool Delft. (1979) *Integratie van Deelplannen van Het Global Bestemmingsplan: Syllabus, van de M.M.V. de Stichting Architecten Research tot stand gekomen leergang.* September, Delft, Netherlands.

附录C 国际建筑与建设研究创新 理事会（CIB）

CIB是为建筑研究和创新提供全球网络的国际交流与合作的国际 性组织。CIB对建造流程和建成环境的改善给予了支持。CIB涵盖了建筑环境全生命周期各个阶段的技术、经济、环境、组织等方面。CIB涉足于基础的、应用型的研究、论文和成果转化的各个阶段，以及将研究结果付诸实践的整个过程。

TG 26开放建筑实践建立于1996年11月。成员包括世界各地的公共机构或者民营企业的建筑物所有者、建筑师、室内设计师、工程师、建筑施工公司、制造商、建筑经济学家和研究者们。TG 26任务组主张和研究21世纪适应性建筑的发展方向。它的使命是记录、激励和支持开放建筑的实际应用，并且传播研究成果、改善开放建筑。为了实现这个使命，需要开放建筑相关的许多领域专家的共同参与。任务组期待有志人士联系本书，详情请见本书的网站：www.decco.nl/obi。

—— TG 26任务组开放建筑实施单位 ——

协调人

Dekker, Karel
TNO Building and Construction
Research
Delft, Netherlands
（卡雷尔·德克尔，荷兰代尔夫特
TNO建筑技术研究院）

Kendall, Stephen
Silver Spring, Maryland, USA
（斯蒂芬·肯德尔，美国马里兰州
银泉）

任务组成员

Bao Jia-sheng
Southeast University
Center for Open Building Research and
Development
Nanjing, China
（鲍家声，南京东南大学开放建筑研
究与开发中心）

Birtles, A. B.
The Steel Construction Institute
Ascot, UK
（A. B. 伯泰尔，英国Ascot钢建筑研
究院）

Boekholt, Jan Thijs

Eindhoven University of Technology
Eindhoven, Netherlands
（扬·泰斯·伯克霍特，荷兰艾恩德
霍芬理工大学）

Cuperus, Ype
Delft University of Technology
OBOM Research Group
Delft, Netherlands
（伊佩·库佩鲁斯，OBOM研究小组，
荷兰代尔夫特理工大学）

Damen, A. A. J.
QD International BV
Rotterdam, Netherlands
（鹿特丹A. A. J. QD跨国公司）

Fukao, Seiichi
Tokyo Metropolitan University
Building Center of Japan
Tokyo, Japan
（深尾精一，日本东京都立大学，现
首都大学）

Geraedts, Rob
Delft University of Technology
Delft, Netherlands
（罗伯·格莱茨，荷兰代尔夫特理工
大学）

Hankonen，Johanna
ARA—Housing Fund of Finland
Helsinki，Finland
（约翰娜·汉科宁，芬兰赫尔辛基
ARA住宅基金会）

Hermans，Marleen
KPMG Consulting
De Meern，Netherlands
（马林·赫曼斯，荷兰KPMG咨询）

Iwashita，Shigeaki
Atias Corporation
Tokyo，Japan
（Iwashita，Shigeaki，日本京都Atias
公司）

Kahri，Esko
RTS—Building Information Institute
Helsinki，Finland
（埃斯科·卡里，芬兰赫尔辛基RTS
建筑信息学院）

Kamata，Kazuo
HUDc Housing Research Institute
Hachioji，Japan
（镰田一夫，日本八王子市HUDc住
房性能研究院）

Karni，Eyal
Technion—Israel Institute of Technology
Haifa，Israel

（埃亚尔·卡尔尼，以色列海法理工
大学）

Kiiras，J.
Helsinki University of Technology
Espoo，Finland
（尤哈尼·吉拉斯，芬兰埃斯波，赫
尔辛基技术大学）

Kobata，Seiji
HUDc Design Division
Tokyo，Japan
（小畑晴治，日本京都HUDc设计部）

Kobayashi，Hideki
Ministry of Construction Building Research
Institute
Tsukuba，Japan
（小林秀树，日本建设省筑波建筑研
究所）

Lahdenperä，Pertti
VTT Technology Research Center of
Finland
Tampere，Finland
（佩尔蒂·拉登佩拉，芬兰坦佩雷，
芬兰技术研究中心）

Langelaan，J. W. R.
Langelaan Architects
Mississauga，Canada
（J. W. R. 朗格兰，加拿大米西索加，

朗格兰建筑师事务所）

Larsson，Nils
CANMET Natural Resources
Canada
Ottawa，Canada
（尼尔斯·拉尔森，加拿大渥太华，
CANMET自然资源部）

Lee，T. K.
Architecture and Building Research
Institute，Ministry of Interior
Taipei，Taiwan
（T. K. Lee，中国台湾地区内政部门
建筑研究中心）

Lin，Li chu
National Kaohsiung University of Science
and Technology
Kaohsiung，Taiwan
（林丽珠，中国台湾地区高雄第一科
技大学）

Moseley，Richard
OBuild Consulting
London，UK
（理查德·莫斯利，欧布伊尔德咨询
公司）

Murakami，Shin
Sugiyama Jogakuen University

Nagoya，Japan
（村上心，日本椙山女学园大学）

Norton，Brian
University of Ulster at Jordanstown
Northern Ireland，UK
（布里安·诺顿，英国北爱尔兰乔丹
城阿尔斯特大学）

Okamoto，Shin
Building Center of Japan（BCJ）
CRICT-JARC
Tokyo，Japan
（冈本伸，日本京都，CRICT-JARC
日本建筑中心）

Olsen，Ib Steen
Ministry of Housing and Building
Copenhagen，Denmark
（伊布·奥尔森，丹麦哥本哈根住房
和建设部）

Pekkanen，Jukka
TEKES—Technology Development Center
Helsinki，Finland
（尤卡·佩卡宁，芬兰赫尔辛基
TEKES技术发展中心）

Salagnac，Jean-Luc
Centre Scientique et Technique du Bâtiment
（CSTB）

Paris，France
（让-吕克·萨拉尼亚克，法国巴黎
巴蒂门特科学技术中心）

Sawada，Seiji
Tokyo，Japan
（小畑晴治，日本东京）

Scheublin，Frits
HBG—Hollandsche Beton Group BV
Rijswijk，Netherlands
（弗里茨·舒伯林，HBG，赖斯韦克，
荷兰）

Slaughter，Sarah
Massachusetts Institute of Technology
Cambridge，Massachusetts，US
（莎拉·斯劳特，美国马萨诸塞州剑
桥，麻省理工学院）

Tanaka，Ryoju
Japan Association of General Contractors
Tokyo，Japan
（田中良寿，日本东京，日本建设业
经营协会）

Teicher，Jonathan
American Institute of Architects
Washington D．C．，US
（乔纳森·泰彻，美国华盛顿特区美

国建筑师学会）

Tiuri，Ulpu
Helsinki University of Technology
Helsinki，Finland
（乌尔普·蒂里，芬兰赫尔辛基技术
大学）

Wang，Ming-Hung
National Cheng-Kung University
Tainan，Taiwan
（王明衡，中国台湾地区成功大学）

Westra，Jan
Eindhoven University of Technology
Eindhoven，Netherlands
（扬·维斯特拉，荷兰艾恩德霍芬理
工大学）

Yashiro，Tomonari
The University of Tokyo
Tokyo，Japan
（野城智也，日本东京大学）

客座成员

Habraken，John
Emeritus Professor，MIT
Apeldoorn，Netherlands
（约翰·哈布瑞肯，麻省理工学院名
誉教授，荷兰）

Tatsumi，Kazuo.
Emeritus Professor，Kyoto University
Kyoto，Japan
（巽和夫，日本京都大学名誉教授）

Utida，Yositika
Emeritus Professor，The University of
Tokyo
Tokyo，Japan

（内田祥哉，日本京都大学名誉教授）

van Randen，Age
Emeritus Professor，Technical University
of Delft
Rotterdam，Netherlands
（阿琪·范·兰登，荷兰代尔夫特理
工大学名誉教授）

术语解释

B

BCJ：日本建筑中心（Building Center of Japan，财团法人日本建築センター）的缩写。

BL：更好生活中心（Center for Better Living，原日本住宅部品开发中心）（财团法人ベターリビング）的缩写（日本）。

BRI：日本建设省建筑研究所的缩写。

base building 建筑主体：是指有众多使用者的建筑中直接服务并影响所有使用者的部分。在北美的一般实践中，建筑主体由办公楼开发商开发，建筑其余部分的选择和责任则在装修阶段留给租客。建筑主体通常包含建筑的主要结构、全部或部分围护结构（立面和屋顶）、公共交通和安全出口（大厅、走廊、电梯和公共楼梯），以及截至入户之前的基本的管线设备（电力、供暖和空调、电话、供水、排水、天然气等）。建筑主体为使用者提供附带服务的空间，支撑体是指住宅建筑的建筑主体。

building knot 建筑节点：由OBOM提出的一个术语，用于描述在传统建筑建造过程中固有的物理的、决策

的、程序的联系。

Buyrent 购买–租赁：一项荷兰新型的金融产品服务的专利名称。它为填充体的所有权提供法律、金融、管理工具。购买了自家的填充体后，承租人和住宅所有人享有同样的特权和税收优惠政策。

C

CHS：参见"百年住房体系"（Century Housing System）。

CIB：国际建筑研究与创新理事会（International Council for Research and Innovation in Building and Construction）的缩写。总部设在鹿特丹的国际建筑与建设研究创新理事会，致力于为会员提供国际合作与信息交流的服务，从而鼓励和支持会员在建筑工程领域进行科学研究与创新。

capacity 容量：在支撑体/填充体的语境中代表在给定建筑主体的情况下，平面和使用功能的多样性程度，换言之，容量代表着从高层级到低层级的开放建筑的自由度。

Century Housing System（CHS）百年住宅体系：是指内田教授在日本

开发的一种开放式建筑设计和建造方法。CHS将建筑部品系统按照模数协调和每个部品群的耐用年限进行分类和整理。耐用周期短的部品在耐用时间长的部品之后安装。

comprehensive infill system 综合填充体系统：参见"填充体系统"（infill system）。

D

DIY："自己动手做"（Do-It-Yourself）的缩写。

decision bundle 总体决策：指在涉及建筑物的设计、建造或管理的单方控制下的全部决策。

disentangling 打散：指梳理技术系统和其控制方的过程，使得一个系统的变更不会干扰其他系统或仅造成最低程度的干扰。

durable years 耐用年限：是一个表示建筑设计、建造和管理全生命周期综合考量的概念。为每个子系统设定了理想状况下的预期使用寿命，并据此进行安装：首先安装预期寿命长的组件，再安装预期耐用年限短的组件。

decision cluster 决策群组：指适合于单个或整体环境层级的一系列设计、开发、建造等决定和责任，如支撑体或填充体就是决策群组。

detachable unit 可分单元：是最初用来描述填充体的术语，它是由集合住宅的一部分使用者（最好是单户使用者）来确定和控制的部分。该术语也用于SAR 65的相关会议报告中。

E

environmental levels 环境层级：参见"层级"（levels）。

F

fit-out（tenantwork）装修（居者自装）：是指安装建筑物填充体的过程或动作，或用于在建筑主体中形成可居住空间的实体。它还可能会修改或描述此类过程或产品。参见"填充体"（infill）。

fixed plan（fixed layout）固定平面：指住宅平面布置上，没有为回应住户喜好的后续改造留出可能性。

H

HUDc.：住宅都市整备公团（现都市再生机构）。

I

Infill（fit-out, tenant work, detachable unit）填充体：指在高层级阵列或者支撑体（例如，居住单元或办公空间之类）内，可由所有个体自行决定的一组部品配置。

infill system 填充体系统：是指具有标准化接口，按照一定逻辑组织起来的一系列特定的组件的集合，因此能够广泛适合室内条件和要求。理想的填充体系统能被安装在任意一个支撑体中。综合的填充体系统可包含所有的部品、子系统和饰面，以及在支撑体中安装所需的设计、成本估算和逻辑控制软件。

intervention 干预措施：指建筑师以及其他设计和施工专业人员的工作。与其说这些专业人员是环境的创造者，不如说他们是专业的推动者或协助者，来帮助实现环境进程中涉及的多方要求和偏好。

L

levels 层级：指在较大的依赖层次结构中出现的物理部品和决策群组相互关联的构成。开放建筑术语中，支撑体处于较高层级，而填充体则处于较低的从属层级：如果改变支撑体，填充体将不可避免地受到影响，尽管填充体更改时较高层级的支撑体不是一定要改变。环境层级包含：城市（肌理）层级［urban（tissue）level］、支撑体（主体或建筑）层级［Support（base building or building）level］、填充体（装修）层级和家具（软装）［furniture（furnishings）］层级。

M

MITI：日本通商产业省（Ministry of International Trade and Industry，Japan）的缩写（现为日本经济产业省）。

MOC：日本建设省（Abbreviation of Ministry of Construction，Japan）的缩写。

margin 界、边缘：指分属于两个空间规划区域的重叠部分，如凸窗、门廊和入口将建筑实体或立面扩展到开放空间。一个边缘地带的大小和特点可以由属于相对更高层级的区域来决定，其可能造成低层级的微小变化，也可能是极大改变。

O

OB：开放建筑（Open Building）的缩写。

OBOM：荷兰代尔夫特理工大学的开放建筑模拟模型研究和记录小组。这个任务组取名于早期模拟试验的一种手段，该手段将业界参与者纳入先进技术解决方案的研究之中。"开放建筑"一词最早源于OBOM。

open architecture 开放建筑学：针对变化有意识地为改造留有容量（capacity）而实行建筑设计和建造实践的总称。

open，openness 开放度：指建筑（通常指租赁建筑）在分配选择、控制和责任过程中以层级组织来达到改造容量（capacity）最大化，并减少变更中的冲突。

Open Building（OB）开放建筑：基于层级的概念，对建筑物自身、技术以及决策过程进行梳理的国际化运动和趋势。在西方，开放建筑是对支撑体运动（Supports movement）的部分传承。开放建筑也是一项用于描述符合此类组织原则的项目、理念、方法或产品的短语。

ordering principles 秩序原则：是三维空间定位的规则。在开放建筑中，它们最大限度地减少子系统之间的干扰并明确子系统之间的接口，从而实现权责的分离、防止系统中断。

P

PSSHAK：支撑体系统及住宅装配组件（Primary Support System and Housing Assembly Kit）的缩写。

parcellation 分区：是指支撑体内可用面积的分配或分割。

plug-and-play 即插即用：是一个电子术语。指像电子消费品那样，不需要专业人员帮助即可安全地组装、使用。这些产品随后可以同样轻易地被拔出、取出或重新易地安置。开放建筑中，即插即用意味着在支撑体内以消费者取向的填充体可以自由灵活地择位安装。

plumbing tether 管道区域：指排水性能要求。它有效地限制了远离竖向排污管的洁具的定位。

Q

quality certified installer（QCI）质量认证安装者：是由包括荷兰所有公用事业在内的协会公认的资格名称，目的是推进开放建筑的实施。QCI认证允许持同一个证书完成相关多个工种工作。要获得QCI认证，公司及相关人员必须提供其具备所认证范围内的安装特定填充体产品资格的实证。

R

residential Open Building 开放建筑论的住宅设计与实践：以住宅建筑设计、资金、施工、填充体、长期的维护管理为目的的跨领域研究方法。支撑体和填充体的分离为基础原则。

resource systems 资源系统：指供应系统、机械、电力、管道或其他基础设施。

reverberation 回响：指在建筑物的某个系统、部分或者层级中进行的工程作业或者中断对其他部分的波及影响。

S

SAR（Stichting Architecten Research）建筑师研究会：以推进住宅工业化为目标于1965年在荷兰成立的建筑师研究会，致力于研究建筑专业和住宅工业化关系中的问题，为建筑师在住宅设计中指出新方向。

S/I：参见"支撑体/填充体"（Support

Infill）。

shell 壳体：一般用于描述建筑物外围护结构。某些场合也可以包括建筑的结构框架。

social overhead capital 社会间接资本：在日本，与两阶段住宅供应方式相关的开放建筑手法中使用的短语。这也特指作为公共所有财产且具有高品质、长耐久性特点的支撑体。

spaghetti effect 意大利面条效应：由范·兰登（Van Randen）用来描述一个剪不断、理还乱的纠结的建造条件。由于多方参与的不可预知性，经常在质量管理中导致协调工作的故障和失误。

Support（Support structure）支撑体或支撑骨架：是约翰·哈布瑞肯（John Habraken）的著作《支撑体——批量式集合住宅的另一种选择》（*Supports: An Alternative to Mass Housing*）中首次出现的术语。它现在也可以用来指住宅的建筑主体（base building），也可指代集合住宅的公共部分。

Support/Infill 支撑体/填充体：指在住宅建设中，按照开放建筑的原则，分离主体和内装体。

Skeleton/Infill 支撑体/填充体：日本使用的术语。它根据子系统方法区分建筑系统和决策来分离填充体和建筑主体（包括外围护和几乎所有的基础设施系统）。

Supports 支撑体：泛指发展自哈布瑞肯和SAR早期研究的支撑体变化、支撑体住宅以及支撑体原则中所延伸出的各种想法、原则、方法、技术。

supply systems 供应系统：参见"资源系统或基础设施"（resource systems or utilities）。

T

tartan band grid 格子模数网格：指SAR最早提出的10/20cm的双向模数网格，之后这个建筑室内模数化协调标准在全欧洲被采用。这个网格的变化形式也在其他许多国家被使用。

theme 主题：在音乐和设计等领域通用的术语。它也指"主题和变化形式"中，反复、易识别的可变组织模式。

thematic design 主题性设计：根据一定的组织性原则而在任意环境层级上对于可变、反复性设计要素的设计。

Tsukuba Method 筑波方式：指采用了两阶段住宅供给方式的、日本开放建筑方法建立的一种新的产权所有制。

Two Step Housing Supply System 两阶段住房供应系统：指由京都大学的高田光雄长期参与研究的，由巽和夫所提出的日本开放建筑研究方法。它强调了在住宅过程中公共和个人之间主导权的平衡的重要性，提倡在住宅的设计、施工、长期的维护管理中对于社区和独立个体家庭各自责任范围明确区分的方法。

U

unbundling 分级：指对于物理的系统使用和设置相关决定合适的层级和组别的分类、分离和分配。

urban tissue 城市肌理：城市设计相关的环境层级。城市肌理是由街区形态（开放空间、建筑群）和功能（人们的活动）构成的。邻里社区在一定秩序的原则范围内，展示了建筑、空间和功能（主题）的可识别性模式。

utilities 基础设施：参见"资源系统、机械设备、电力、管道或供水系统"（resource systems, mechanical/electrical/plumbing or supply systems）。

V

variants 变化形式：特定主题性的原型或主题变异形式。这个术语也用来指在支撑体内一个给定的住宅空间的多个单元平面方案。

vertical real estate 垂直房地产：指对于"场地"，或对于可在支撑体内进行填充的分配环节的评估。

Z

zero-slope drain line 无坡排水管、零坡度排水管、水平排水管：指在水平面上安装的混合排水管道。这样的管线要求无斜坡，但是要对从器具到排水支管的长度、管道直径和弯头管件的数量进行精准计算。基于实验和性能表现，无坡排水管已经作为几个固定填充体产品的一部分得到安装认证。

索引 *

*数字为原书页码，粗体表示图片页码。

A

Adelaide Road（PSSHAK project）阿
德莱德路（PSSHAK 项目）13，
88-91，178，203，**88-91**

Alexander, Christopher 13，83，246
克里斯托弗·亚历山大

Asset management 224，270 资产管理

B

Bath unit 集成浴室（整体浴室）89，
178，179，96，110，215

Bax，Thijs 泰斯·巴克斯 13，14，
244，245

Bruynzeel 布鲁因泽尔 15，48，80，
81，88，89，178，203，247，
203

Building codes 建筑规范 8，21，33，
123，190，200，224，234，235，
268，269

Building industry 建筑产业 234，263，
266，268，269，270

Building service systems 建筑服务体系
3，5，7，18，23，32-5，42，44，
47，75，80，89，122，127，133，
181，183，189，215，233，265

Building shafts 建筑管道井 104，120，
130，209，211

Building stock 建筑存量 5，19，33，
35，40，182

Building structure 建筑结构 33，47，
172

Buyrent 购买-租赁 49，175，227-
231，248/legal and financial aspects
of 法院和财务层面 229-230

C

Capacity for change 容量之于变化
4，7，89/for variety 之于种类 33，
38-39，42，54，101，177，182/
of base building 之于建筑主体 5，
27，38，39，40，60，137，155，
221，235，263

Capacity analysis 容量分析 38，**38**

Carp, John 约翰·卡普 13，16，83，
203，245

Center for Better Living（BL）更好生
活中心，原日本住宅部品开发中
心 18，97，249-250

Century Housing System（CHS）百年
住宅系统 23-25，104，110-111，
127，143，174，178-179，188，
251-253

Chases 槽 84，131，144，171，188

Chikazumi，Shinichi 近角真一 126，
252，254

CIB 国际建筑与建设研究创新理事
会245，246，250，251，252，
255，257，259，260，282-286

Coherence environmental 环境协调性
3，9，39，49，57，78，191

Comprehensive infill systems 填充体
系统集成 16，190，196，235，
245，259，264

Conflict 冲突 8，37，43，49，55，
222，236，238，269，270

Consumer choice消费者选择 3，8，
23，31，54-5，56，173，175，
190，198，222，267，270

Consumer market 消费者市场 8，15，
201，203，237，262

Consumer products 消费者产品 11，
35，55-56，173，224，263-264

Consumer-orientation 消费者导向 36，
52，56，154，173，177，189，
199，224，232，262

Control控制8，10，26，27-33，35，
36，37，41-44，46，49，51，
53，58，75，150，172，173，
180，187-189，196，206，222-
224，230，233，236，238，261，
264，268-270/distribution of分层
54-55/hierarchy 等级58

Coordination 协调一致4，24，42，
54，81，131，177，183，189，
191，204，221，228，264，41

D

De Jong，Fokke 福克・德・容13，
14，80，245

Decision-making决策 4，6，11，29，
30，31，36-37，44，46，47，
51，78，83，137，173，175，
177，182，224，238，267

Dekker，Karel 卡雷尔・德克尔 15，
113，199，246，257

Demountable partitioning 可拆卸隔断
68，71，131，133，146，200，
202，215

Demountable systems 可拆卸系统 11，
21，27，71，248

Design grids 设计网格 12，23，47，
69，71，110，178，197，204

Disentanglement 打散 8，31，43，
44，47，51，52，54

Do-it-yourself（DIY） 自己动手做
60，105，147，208，216

Drain lines 排水管 48，101，130，
144，154，155，177-179，189，
190，192，197，199，201，203，
206，209，211，212，214

Drainage 排水 33，49，127，179，
188，235

Durability 耐久性 7，19，24，110，
143，184，262

E

Economics 经济学 14, 15, 18, 30, 39, 43, 47, 81, 113, 175, 187, 219, 221-3, 237, 238, 244, 246, 261, 263, 266, 269

Elderly 老年人 20, 113, 143, 149, 184/housing for 老年人住宅 199

Enabling intervention 引起干扰 34, 47, 54, 74, 89, 117, 175, 221

End users 终端用户 4, 5, 40, 175, 236, 265, 267

Energy conservation 节能 21, 25, 48, 264

Entanglement 缠结 5, 15, 28, 33, 36, 37, 41, 43, 52, 57, 172, 189, 231, 233, 234, 238, **37**

F

façade 立面 6, 9, 27, 28, 30, 33, 46, 52, 68, 71, 72, 80, 83-84, 101, 113, 127, 136-137, 144, 174, 204-205, 215, 244/tenant design of 租户设计 44, 75, 93, 119

Financial instruments 金融工具 44, 49, 228, 238

Financing 融资 8, 57, 133, 141, 221, 224, 228, 230, 254, 262

Finland 芬兰 133, 177, 246, 254-255/infill systems 填充体系统 215-216

Fit-out 装修 4, 5, 7, 8, 15, 16, 35, 40, 42, 47, 101, 108, 111, 114, 123, 179, 189, 191, 199, 201, 207, 210, 224, 236, 259, 265, 269

Flexibility 灵活性 31, 130, 143, 172, 173, 184, 199

Flexible design 灵活设计 11, 39, 68, 88, 137, 177, 183, 199

Floor trenches 楼板槽 24, 25, 48, 104, 111, 119, 120, 155, 178-179/wet trench 湿区降板 119

Flooring systems 楼板系统 179, 180, 215

Free Plan Rental 自由型平面租赁 23, 104-106, **104-106**

Fukao, Seiichi 深尾精一 96, 104, 126, 143, 184, 251

G

Government funding 政府资金 21, 26, 133, 136, 215, 243, 248, 255

Green Village Utsugidai 宇津木台绿色乡村23, 119-121, 179, **119-121**

Grey water drain lines 可循环水排水管 190, 197, 199, 214

H

Habraken, N. J. 约翰·哈布瑞肯 9-13, 16, 27, 31, 48, 56, 60, 182, 196, 245, 255, 259, 261

Hamdi, Nabeel 纳贝尔·汉迪 13,

88, 255

Handicapped accessibility 无障碍性 100, 113, 143

Heating 供热 7, 33, 48, 51, 58, 72, 81, 88, 117, 122, 133, 144, 150, 183, 188, 192, 201, 202, 214, 234

Home run lines 住户内走线 155, 197, 214

Housing and Urban Development Corporation（HUDc）住宅都市整备公团（HUDc）17, 22-23, 25, 46, 96, 97, 104, 105, 119, 154, 185, 186, 209, 213, 248, 249, 253

Housing associations 住宅协会 13, 21, 74, 75, 80, 83, 92, 100, 113

Housing stock 住宅存量 20, 24, 56, 57, 113, 154, 173, 213, 254, 266, 267

Hyogo Century Housing Project 兵库百年住宅项目 24, 143-145, 147, 179, **143-145**

I

Infill systems 填充体系统 5, 7, 14, 16, 30, 39, 48, 50, 51, 55, 80, 114, 127, 130, 147, 155, 172, 189-216, 221, 235, 245, 247, 254, 255, 258, 259, 264, 268

Infrastructure 基础设施 4, 21, 29, 33, 46, 47, 131, 172, 174, 182, 233, 236

Inhabitant preference 住户参考 5, 7, 8, 32, 33, 39, 43, 47, 49, 55-57, 68, 114, 146, 154, 173, 177, 232-233, 237, 238, 257, 262, 263, 265, 267, 268, 270

Inhabitants as decision-makers 住户决策 5, 8, 9, 27, 29, 47, 71, 84, 93, 114, 123

Inverted slab structural design 插入式板结构设计 24, 147, 186

Investment 投资 5, 14, 20, 33, 40, 43, 55, 57, 81, 137, 175, 221-231, 233, 234-235, 237, 253, 262, 265-267

J

Just-in-time logistics 准时制物流 196, 202, 212, 264

K

Keyenburg 凯恩堡 100-103, 178, 184, 188, 191, **100-103**

Kit-of-parts 部品集成 52, 81, 89, 174, 191

Kobayashi, Hideki 小林秀树 26, 249, 254

Kodan Experimental Project（KEP）公团实验住宅 22-23, 96, 249

Kroll，Lucien 吕席安·克罗尔 13，71-73，256/KSI 23，48，98，249

Kyoto University 京都大学 23，146，174，251

L

Leasing 租赁 13，31，35，43，49，100，116，141，182-184，208，227，230

Life cycle 全生命周期 7，40，43，57，215，267

Life span 使用寿命 5，27，58

M

Maison Médicale（La Mémé）医学院学生宿舍 13，71-73，176，177，256，**71-73**

Mass housing 批量式集合住宅 9，11，19，29-31，39，172，173，238，256，257，261

Matura 马特拉 48，113，114，155，190，196-198，199，216，224，245，256，**196**，**198**

Milestone projects 里程碑项目 23，65-168

Ministry of Construction（MOC）建设省（日本）17-18，20，21，24，59，81，101，110，130，140，174，225，248-250，252，254

Modular coordination 模数化协调 12，24，174，204，247

Multi-family housing 集合住宅 7，8，17，19，20，22，30，40，46，51，54，57，58，84，113，127，140，141，172，174，207，211，216，225，227，250

N

Networked residential buildings 网络化住宅 171- 172

Next21 大阪未来21世纪项目 25，47，126-129，174，176，179，188，191，251，252，126，128-129

O

Open Building，commercial 商用开放建筑 16，244-245，267，270

OBOM 开放建筑研究组 16，21，46，175，179，188，190，243，244，245，246

Obsolescence 过时 5，30，40，53，56，172，173，190，231，259

On-site activity 现场活动 5，28，36，42，48，53，54，59，75，143，155，198，202，205，224

Open architecture 开放建筑学 7，15，41，44，237，243，246，255，256，258

Open Building project chronology 开放建筑项目编年表 165-167

Ownership 所有权 17，26，28，32，49，54，141，173，175，225-230，238，248

P

Papendrecht 帕彭德雷赫特 13，83–87，176，178，184，191，83–7

Pelgromhof 佩尔格罗姆霍夫 149–153，149，150–153

Pipe–Stairwell Adaptable Housing 管线楼梯间适应性住宅 130–132，177，188，216，**130-132**

Postwar construction 战后建设 10，17，19，29，172，204

Q

Quality control 质量控制 42，189，196，233，264

R

Raised floors 架空地面 25，48，96，101，110，111，120，127，140，143，144，155，177，178，179，200，201，203，207，209，213–215

Residential infill systems 住宅填充体系统 30，35，48，189–215，247

Residential Open Building introduced 开放建筑论的住宅设计与实践 ix–x

Right–of–use 使用权 25，141，225，227

S

SAR 建筑研究会 12–16，21，46，71，74，101，175，181，197，204，244，245，252，256，269

SAR 65 SAR 65 型标准平面 12，60

SAR 73 SAR 73 型标准平面 12，47，78，278–280

Sawada，Seiji 业田诚二 17，21，252，254，257

Site–assembled building elements 现场装配建筑构件 191

Skeleton structures 支撑体骨架 34，48，126，127，143，147，154，172，174，184–186，211，249，252，253，**34**，**186**

Standards of performance 性能标准 47，53，237

Subsystems 子系统 5，8，17，23，30，31，43，47，49，50，51–53，57，58，127，149，155，172，175，180，192，197，206，213，222，244，247，268

Supply systems 供给系统 5，23，25，35，171，235，251，253

Support level 支撑体层级 181–188，189，262，264

Support technologies 支撑体技术 44，48，176/structural frameworks 结构体系 183–186，185

Support/infill 支撑体/填充体 14，21，104，131，149，175，176，201，222

Supports defined 支撑体定义 32–34/systematic design of 系统设计 182–183，278–280

Supports movement 支撑体运动 12，172，261，262

Sustainability 可持续性 3-4，25，30，39-41，43，53，56-58，149，150，173，175，234，246，262，263，266，267，269

Systems change-out 系统改变 7，8，19，51，52，72，127，222，230，266，269/separation of 系统分离 51-52

T

Takada，Mitsuo 高田光雄 23，110，126，146，251

Tatsumi，Kazuo 巽和夫 23，110，126，146，251

Technical University of Delft 代尔夫特理工大学 13-16，190，244-245，247

Tenant work，see Fit-out Territory 居者自装：参见"装修"领域 32，41，173，188

TG 26（CIB）TG 26任务组（CIB）246，250，251，252，255，257，259，260

Timber 木结构 17，20，27，259，268

Tissue Method 肌理方式 47，269，278-281

Tiuri，Ulpu 乌尔普·蒂里 44，215，254-255

Tsukuba Method 筑波方式 25-6，49，54，174-176，179，225-227，**226**

Tsukuba Two Step Housing 筑波两阶段住宅 40-42，**140-142**

Tunnel form construction 隧道模施工 84，184，204，184

Two Step Housing Supply System 两阶段住宅供应系统 23-26，110-112，140，141，143，146，174，225，227，249，251

U

Unit bathrooms，see Bathroom units 整体浴室，参见"集成浴室"

Urban tissue 城市肌理 6，12-14，32，39，46，78，83，181，244，246

User participation 用户参与 24，75，80，84，107，133，134

Utida，Yositika 内田祥哉 17，24，126，250，252

Utilities 设施 29，33，179，207，230，234，236

V

Value-added components 增值构件 5，178，196，262-263，267

Van der Werf，Frans 弗兰斯·范·德·韦尔夫 13，14，83，100，101，136，149，245，246，256

Van Randen，Age 阿琪·范·兰登
　　12，14–6，189–190，196，245
Variations：the systematic design of
　　Supports 多样性：支撑体系统的
　　设计 48，60，182–183，259
Vernacular architecture 乡土建筑 24，
　　27，78，238

W
Wieland 威琅 48，192，192

Wilkinson，Nicholas 尼古拉斯·威尔
　　金森 13，88，255，261
Wiring 配线 19，24，25，35，48，
　　51，52，81，144，147，155，
　　189，197，203，205，211–212，
　　214

Z
Zero–slope drainage 无坡排水 155，
　　190，197，199